Methode zur Auslegung von Hilfsmassendämpfern bei fremd- und selbsterregten Schwingungen in der spanenden Bearbeitung

Method for Designing Tuned Mass Dampers for External and Self-excited Vibrations in Cutting Processes

Von der Fakultät für Maschinenwesen
der Rheinisch-Westfälischen Technischen Hochschule Aachen
zur Erlangung des akademischen Grades eines
Doktors der Ingenieurwissenschaften
genehmigte Dissertation

vorgelegt von

Birk Omke Brockmann

Berichter:

Univ. Prof. Dr.-Ing. Christian Brecher
Univ. Prof. Dr.-Ing. Berend Denkena

Tag der mündlichen Prüfung: 10. April 2017

ERGEBNISSE AUS DER PRODUKTIONSTECHNIK

Birk Brockmann

Methode zur Auslegung von Hilfsmassendämpfern bei fremd- und selbsterregten Schwingungen in der spanenden Bearbeitung

Herausgeber:
Prof. Dr.-Ing. Dr.-Ing. E. h. Dr. h. c. Dr. h. c. F. Klocke
Prof. Dr.-Ing. Dipl.-Wirt. Ing. G. Schuh
Prof. Dr.-Ing. C. Brecher
Prof. Dr.-Ing. R. H. Schmitt

Band 12/2017

Bibliografische Information der Deutschen Nationalbibliothek
Die Deutsche Nationalbibliothek verzeichnet diese Publikation in der Deutschen Nationalbibliografie; detaillierte bibliografische Daten sind im Internet über http://dnb.ddb.de abrufbar.

Birk Brockmann:

Methode zur Auslegung von Hilfsmassendämpfern bei fremd- und selbsterregten Schwingungen in der spanenden Bearbeitung

1. Auflage, 2017

Gedruckt auf holz- und säurefreiem Papier, 100% chlorfrei gebleicht.

Apprimus Verlag, Aachen, 2017
Wissenschaftsverlag des Instituts für Industriekommunikation und Fachmedien an der RWTH Aachen
Steinbachstr. 25, 52074 Aachen
Internet: www.apprimus-verlag.de, E-Mail: info@apprimus-verlag.de

Druck: KN Digital Printforce GmbH, Stuttgart

ISBN 978-3-86359-519-7

D 82 (Diss. RWTH Aachen University, 2017)

Inhaltsverzeichnis

Content

Formelzeichenverzeichnis

Formula Symbols

a	mm	Zustellung
a_p	mm	Schnitttiefe
$a_{p,krit}$	mm	Kritische Schnitttiefe
b	mm	Spanungsbreite
b_{krit}	mm	Kritische Spanungsbreite
$b_{krit,min}$	mm	Grenzspanungsbreite
c_i	Ns/mm	Dämpfungskoeffizient
CSF	-	Cross Signature Scale Factor
CSF_R	-	Cross Signature Scale Factor of Real Components
D_i	-	Dämpfungsmaß
f	Hz	Frequenz
f	-	Eigenkreisfrequenzverhältnis
F	N	Kraft
f_0	Hz	Eigenfrequenz
F_D	N	Dämpfungskraft
F_{Ges}	N	Gesamte Kraft
f_{krit}	Hz	Ratterfrequenz
F_N	N	Normalkraft
f_{opt}	-	Optimales Eigenkreisfrequenzverhältnis
$F_{Prozess}$	N	Prozesskraft
F_R	N	Reibungskraft
$f_{R,i}$	Hz	Resonanzfrequenz
$FRAC$	-	Frequency-response Assurance Criterion
F_{St}	N	Störkraft
g	-	Kreisfrequenzverhältnis
G	µm/N	Komplexer Nachgiebigkeitsfrequenzgang
G'	-	Bezogener komplexer Nachgiebigkeitsfrequenzgang
G_0	µm/µm	Offener Wirkkreis

G_g	µm/N	Gerichteter komplexer Nachgiebigkeitsfrequenzgang
i	-	Index
j	-	$j^2 = -1$
k_{cb}	N/mm^2	Spezifischer Schnittkraftkoeffizient
K_F	N/A	Kraftkonstante eines Linearmotors
k_i	N/µm	Steifigkeit
k^*	N/µm	Steifigkeit
K_i	V/A	Proportionalfaktor im Stromregelkreis
K_p	As/m	Proportionalfaktor im Geschwindigkeitsregelkreis
K_v	1/s	Proportionalfaktor im Lageregelkreis
L_i	-	Partizipationsfaktor
LR	kg	Unteres Residuum (eng.: Lower Residual)
m	-	Modul
m_i	kg	Masse
m^*	kg	Masse
n	min^{-1}	Drehzahl
p_i	-	Polstelle
P	mm	Steigung
Q_i	-	Skalierungsfaktor
R_{eq}	mm	Äquivalenter Schleifscheibenradius
Re_{zul}	-	Zulässiger bezogener Realteil
$Re_{zul,Grenz}$	-	Grenzwert des bezogenen Realteils
R_i	-	Residualvektor
Rz	µm	Rauigkeit
s	s^{-1}	$j \cdot \omega$
t	s	Zeit
T_t	s	Totzeit
UR	µm/N	Oberes Residuum (eng.: Upper Residual)
UR^*	µm/N	Oberes Residuum (eng.: Upper Residual)
v	m/s	Geschwindigkeit
V_i	-	Vergrößerungsfaktor
v_W	m/s	Werkstückgeschwindigkeit

V_{zul}	-	Zulässige Resonanzüberhöhung
$V_{zul,Grenz}$	-	Grenzwert der zulässigen Resonanzüberhöhung
x	µm	Weg
$\dot{x}$	m/s	Geschwindigkeit
$\ddot{x}$	m/s^2	Beschleunigung
X	mm	Weg
x_g	mm	Gerichtete Verlagerung
z	-	Anzahl der Zähne
K_{UR}	-	Bezogenes oberes Residuum
μ	-	Reibungskoeffizient
μ	-	Massenverhältnis
μ	-	Überdeckungsfaktor
M_{LR}	-	Bezogenes unteres Residuum
μ_{opt}	-	Optimales Massenverhältnis
ξ	-	Dämpfungsverhältnis
ξ_{opt}	-	Optimales Dämpfungsverhältnis
φ	°	Phase
Φ_i	-	Eigenformvektor
ω	s^{-1}	Kreisfrequenz
$\omega_{0,i}$	s^{-1}	Eigenkreisfrequenz

Abkürzungsverzeichnis

Abbreviations

2DOF	Two Degree of Freedom System
5DOF	Five Degree of Freedom System
AG	Aktiengesellschaft
AP	Arbeitspunkt
bspw.	beispielsweise
bzw.	beziehungsweise
CSF	Cross Signature Scale Factor
DFG	Deutsche Forschungsgemeinschaft
EHB	Elektrohydraulische Bremse
EMB	Elektromagnetische Bremse
etc.	et cetera
Fa.	Firma
FEM	Finite-Elemente-Methode
FFT	Fast-Fourier-Transformation
FRAC	Frequency-response Assurance Criterion
FRF	Nachgiebigkeitsfrequenzgang (eng.: Frequency-response Function)
HMD	Hilfsmassendämpfer
HSK	Hohlschaftkegel
i	input
i.O.	in Ordnung
IBN	Inbetriebnahme
KGT	Kugelgewindetrieb
LDA	Linear-Direkt-Antrieb
log.	logarithmisch
LQR	Linear-Quadratischer-Gauß-Regler
LSCE	Least Square Complex Exponential
LSCF	Least Square Complex Frequency
LSFD	Least Square Frequency-Domain

MAC	Modal Assurance Criterion
MDOF	Multiple Degree of Freedom System
MIMO	Multiple Input Multiple Output
n.i.O.	nicht in Ordnung
o	output
OMA	Operational Modal Analysis
org.	original
PFD	Partial-Fraction Description
P-LSCE	Polyreference Least Square Complex Exponential
P-LSCF	Polyreference Least Square Complex Frequency
PMI	Prozess-Maschine-Interaktion
R	Regler
rel.	relativ
RWTH	Rheinisch-Westfälische Technische Hochschule
SDOF	Single Degree of Freedom System
SIMO	Single Input Multiple Output
SISO	Single Input Single Output
SLM	Selective Laser Melting
SPP	Schwerpunktprogramm
TCP	Tool Center Point
VDI	Verein Deutscher Ingenieure
vgl.	vergleiche
wst	Werkstück
wzg	Werkzeug
WZL	Werkzeugmaschinenlabor
WZM	Werkzeugmaschine
z. B.	zum Beispiel

1 Einleitung

Introduction

Die spanabhebende Bearbeitung bildet neben der Umformtechnik den wichtigsten Typ von Fertigungsverfahren in der mechanischen Produktion. Während sich die Verfahren mit geometrisch unbestimmter Schneide (z. B. Schleifen, Honen und Läppen) zur Herstellung von Bauteilen mit sehr hohen Oberflächengüten und Maßhaltigkeiten eignen [KLOC05], ermöglichen Bearbeitungsverfahren mit definierter Schneide (z. B. Drehen, Fräsen und Bohren) besonders hohe Zerspanleistungen [KLOC08].

In allen spanenden Bearbeitungsprozessen, sei es bei den Feinbearbeitungsverfahren oder den Verfahren mit hohen Abtragsraten, treten Schwingungen auf, welche zu relativen Verlagerungen zwischen Werkzeug und Werkstück führen. Diese reduzieren die Oberflächengüte und Maßhaltigkeit der Werkstücke und verstärken den Werkzeugverschleiß. Die Amplitudenhöhe und Frequenz dieser Schwingungen hängen neben den prozesstechnologischen Randbedingungen – wie etwa dem Werkzeug, dem Werkstoff, der Schnittgeschwindigkeit sowie der Zustellung – und den daraus resultierenden Schnittkräften in hohem Maße von der eingesetzten Werkzeugmaschine und ihrem frequenzabhängigen, endlichen Steifigkeitsverhalten ab. Dieses Verhalten wird im Wesentlichen durch die im Kraftfluss liegenden Komponenten wie Gestelle, Betten sowie Schlitten definiert und führt infolge der auftretenden Kraftamplitude zu einer Relativbewegung zwischen Werkzeug und Werkstück [WECK06c].

Schwingungen in Bearbeitungsprozessen werden heute in fremd- und selbsterregte Schwingungen differenziert, welche sowohl beim Spanen mit definierter und undefinierter Schneide als auch bei anderen Fertigungsprozessen auftreten können. Während fremderregte Schwingungen direkt von der dynamischen Nachgiebigkeitsamplitude der Maschine abhängig sind, treten selbsterregte Schwingungen bei instabilen Bearbeitungsprozessen auf. Ein instabiler Bearbeitungsprozess ist aus physikalischer Sicht erst dann möglich, wenn der Realteil des komplexen Nachgiebigkeitsfrequenzganges negativ wird. Somit ist heute nicht mehr die fehlende Antriebsleistung der Werkzeugmaschine als Begrenzung der Zerspanrate zu betrachten, vielmehr tritt das dynamische Nachgiebigkeitsverhalten der Werkzeugmaschine als limitierender Faktor stärker in den Vordergrund.

Wenngleich die konstruktive Optimierung von Werkzeugmaschinenkonzepten, insbesondere unter Einsatz der Finite-Elemente-Methode, viel Potenzial birgt um das dynamischen Maschinenverhalten zu verbessern, stößt dieser Ansatz doch häufig an seine wirtschaftlichen Grenzen. Dies ist insbesondere dann der Fall, sobald die Maschine im Feldeinsatz ist. So ist neben Änderungen der Maschinenkonstruktion die Optimierung der Prozessparameter eine in der Industrie vielfältig eingesetzte Maßnahme. Sie kann auch nach der Maschineninbetriebnahme bis zu einem gewissen Grad wirtschaftlich durchgeführt werden. Allerdings nimmt dieser Ansatz je nach Versuchsfeld und Prozess viele Maschinenstunden in Anspruch. Seltener werden Prozesssimulationen eingesetzt um diesen Aufwand zu reduzieren und das dynamische Verhalten der Maschine bzw. die Stabilitätsgrenze auch bei komplizierten Bearbeitungsoperationen zu beschreiben.

Dynamische Zusatzsysteme sind eine weitere Maßnahme zur Optimierung des dynamischen Nachgiebigkeitsverhaltens von Werkzeugmaschinen. Während die sogenannten aktiven Zusatzsysteme mittels dynamisch korrelierender Dämpfungskräfte oder Ausgleichsbewegungen die Schwingungen zu kompensieren versuchen, entzieht ein passives Zusatzsystem dem schwingenden System seine Schwingungsenergie über Dissipation. Der wohl bekannteste Vertreter der passiven dynamischen Zusatzsysteme ist der sogenannte Hilfsmassendämpfer. Jener besteht im Wesentlichen aus einer Hilfsmasse, welche über ein Koppelelement mit definierter Steifigkeits- und Dämpfungseigenschaft an das schwingende System gekoppelt ist. Im einfachsten Fall ist dies eine Masse aus Stahl, welche mittels Elastomerdämpferelementen an die Maschinenstruktur montiert ist.

Zur mathematischen Auslegung der drei wesentlichen Eigenschaften (Masse, Steifigkeit und Dämpfung) des Hilfsmassendämpfers existieren in der Literatur verschiedene Ansätze. Es kann festgestellt werden, dass insbesondere die heute angewandten analytischen Auslegungsansätze auf der Annahme beruhen, dass die Maschine das einfache dynamische Verhalten eines Einmassenschwingers aufweist. In dieser Modellvorstellung wird das dynamische Verhalten der Maschine durch eine einzige Resonanzstelle charakterisiert – eine Annahme, die häufig nicht zulässig ist. Der nicht unerhebliche Fehler, welcher sich durch diese Annahme bei der Auslegung von Hilfsmassendämpfern ergibt, verursacht zum Teil erhebliche Abweichungen zwischen den berechneten und den tatsächlich optimalen Hilfsmassendämpfereigenschaften.

Ziel dieser Arbeit ist zunächst die Formulierung einer ganzheitlichen Methode zur Auslegung von Hilfsmassendämpfern für Werkzeugmaschinen, insbesondere für die spanende Bearbeitung. Der Ansatz soll nicht nur die mathematische Herleitung der notwendigen Gleichungen für die Bestimmung der Hilfsmassendämpfereigenschaften behandeln. Er soll auch die notwendigen messtechnischen Untersuchungen zur Bestimmung des optimalen Wirkortes und die Prognose des resultierenden Frequenzgangs nach Montage des Hilfsmassendämpfers beinhalten. Die herzuleitenden Auslegungsgleichungen innerhalb des ganzheitlichen Ansatzes unterscheiden sowohl fremd- als auch selbsterregte Schwingungen. Darüber hinaus wird die Werkzeugmaschine nicht als Einmassenschwinger, sondern als Mehrmassenschwinger approximiert. Schließlich werden einfach nachvollziehbare und praxistaugliche Gleichungen zur Berechnung optimaler Parameter eines Hilfsmassendämpfers hergeleitet.

Abschließend belegen Fallbeispiele, dass der Ansatz pragmatisch und praxisnah umsetzbar ist. Hierbei wird die Optimierung des dynamischen Verhaltens der Werkzeugmaschine durch den Hilfsmassendämpfer nicht nur an Nachgiebigkeitsfrequenzgängen geprüft. Zusätzlich werden auch Bearbeitungsprozesse durchgeführt, um insbesondere auch den Effekt der selbsterregten Schwingungen untersuchen zu können. Es soll gezeigt werden, dass die analytischen Gleichungen auch für diesen Fall mit ausreichender Genauigkeit die Auslegung eines Hilfsmassendämpfers ermöglichen.

Introduction

Besides metal forming, metal cutting is the most important production technology in the field of mechanical production. High surface quality and narrow tolerances can be achieved by manufacturing processes with undefined cutting edges (e. g. grinding, honing and lapping) [KLOC05], whereas high cutting rates can be reached by manufacturing processes with defined cutting edges (e. g. turning, milling and drilling) [KLOC08].

In all metal cutting operations, whether roughing or finishing, one will find vibrations that lead to relative displacements between tool and workpiece. These vibrations reduce the surface quality, result in dimensional deviations and increase tool wear. Apart from process parameters (tool, material, cutting speed, infeed) and the resulting cutting forces, vibration amplitude and frequency are dependent on the dynamic compliance behavior of the machine tool. This behavior is mainly characterized by components lying in the direct flow of forces, for example the machine frame, bed and carriages [WECK06c].

Vibrations in metal cutting are divided into externally and self-excited vibrations. Externally excited vibrations are directly dependent on the amplitude of the complex frequency-response function. Self-excited vibrations occur only in the presence of a negative real part of the complex frequency-response function. It can be concluded that the cutting rate of a machine tool is not only limited by its main drives anymore, but also by its dynamic compliance behavior.

With respect to machine tool design, there is great potential for design optimization, especially with the help of finite-element analysis. Unfortunately, this approach comes to its economical end once the machine tool is built and in operation. Other than the optimization of machine tool design, the industry often optimizes process parameters. Typically, this optimization approach is time-consuming. Especially in the case of complicated cutting processes, a large range of experiments needs to be conducted in order to determine the stability boundaries for the given cutting conditions.

Dynamic auxiliary systems are another option for improving the dynamic compliance behavior of machine tools. While active systems use dynamically correlated damping forces or compensation movements to reduce the vibration amplitude, passive systems reduce the vibration energy through dissipation. The most widely known passive system is the tuned mass damper. This system consists of an auxiliary mass, which is mounted to the machine tool by a specific coupling element with defined stiffness and damping properties.

There are several approaches for the analytical design of the three main properties (mass, stiffness and damping) of the tuned mass damper. Most of the approaches approximate the dynamic behavior of the machine tool as one mass oscillator with only one resonance. Unfortunately, in many cases this approximation is not valid.

The resulting simplification leads to considerable errors between the calculated and the physically necessary properties of the tuned mass damper.

Main goal of this thesis is to formulate a new method for designing tuned mass dampers, especially for cutting processes. This approach does not only present the mathematic derivation of the necessary equations for calculating the optimal damper properties, but also brings a holistic approach, starting with the identification of the type of vibrations (external or self-excited) as well as the optimal tuned mass damper position. The procedure ends with an approximation of the resulting frequency-response function of the machine tools tool center point after mounting the tuned mass damper. This approach differentiates between externally and self-excited vibrations and approximates the machine tool as a multiple degree of freedom system. With this, practicable equations are derived and their application is verified by two use cases.

This thesis presents not only the mathematical derivation of the necessary equations for calculating the optimal parameters (mass, stiffness and damping) of a tuned mass damper, but also presents a holistic method for implementing such tuned mass dampers. In this context, the thesis introduces a method to identify the type of vibrations, the optimal position for the tuned mass damper and approximates the machine tool as a multiple degree of freedom system. The analytical equations to calculate the optimal tuned mass damper parameters are derived with respect to the type of vibrations (external or self-excited). Subsequently, the efficacy of the proposed method is demonstrated by implementation on two machine tools.

2 Stand der Technik

State of the Art

2.1 Grundlagen der Schwingungslehre

Fundamental Mechanics

Da der in dieser Arbeit entwickelte analytische Ansatz (Kapitel 4) wesentliche Grundlagen der Schwingungslehre anwendet und teilweise erweitert, soll das notwendige Verständnis in diesem Unterkapitel in Grundzügen aufgezeigt werden. Zur tiefer gehenden Lektüre existieren zahlreiche Lehrbücher, welche die grundlegenden physikalischen Eigenheiten schwingender Systeme sowie deren mathematische Beschreibung vorstellen und diskutieren. Exemplarisch seien die folgenden Lehrbücher genannt: [HEYL98; GENT99; EWIN00; HARR02; CRAI06; JÄGE06; DRES07; BROM08; FRIS10; BRAN11; MAIA97; MAHN11; PREU13; GÉRA15]. Insbesondere kann das Lehrbuch „Twelve Lectures on Structural Dynamics“ von André Preumont der Université libre de Bruxelles [PREU13] empfohlen werden, weshalb auch in dieser Arbeit häufig ein Bezug auf Darstellungen dieses Buches hergestellt wird.

2.1.1 Der gedämpfte Einmassenschwinger

The Single Degree of Freedom System

Ein gedämpfter Einmassenschwinger (kurz: SDOF für „Single Degree Of Freedom“) besteht in der einfachsten Modellvorstellung aus einer schwingenden Masse *m*, einer Steifigkeit *k* und einer Dämpfungskonstante *c*, welche das Verhalten viskoser Dämpfung abbildet (vgl. Bild 2-1). Neben viskoser Dämpfung können abhängig von den physikalischen Systemeigenschaften auch andere Dämpfungsmodelle (z. B. Hysterese-Dämpfung, Coulombsche Reibung) sinnvoll sein, vgl. hierzu Kapitel 2.3. $Fe^{j\omega t}$ stellt hierbei eine externe Kraft dar, welche am SDOF mit einem harmonischen Verlauf angreift. Diese Kraft zeigt in die gleiche Richtung wie der zurückgelegte Weg *x* des SDOF. Aus der Summe aller Kräfte, welche an der Masse *m* angreifen, ergibt sich die Bewegungsgleichung nach Newton:

$$m\ddot{x} + c\dot{x} + kx = Fe^{j\omega t} \tag{2.1}$$

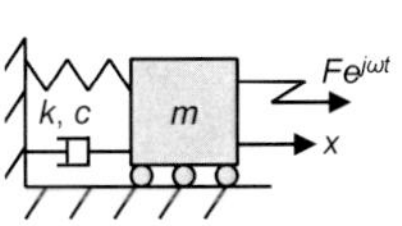

Bild 2-1: Einmassenschwinger

The Single Degree of Freedom System

Die Lösung der Gleichung (2.1) hat die Form $x = Xe^{j\omega t}$. Nach Einsetzen dieser Lösung in die Gleichung (2.1) kann diese umgeformt werden zu

$$G(\omega) = \frac{X(\omega)}{F(\omega)} = \frac{1/k}{1 - \left(\omega/\omega_0\right)^2 + 2jD\left(\omega/\omega_0\right)} \tag{2.2}$$

mit der Eigenkreisfrequenz ω_0 in der Einheit s^{-1}

$$\omega_0 = \sqrt{k/m} = 2\pi \cdot f_0 \tag{2.3}$$

(wobei f_0 als die Eigenfrequenz in der Einheit Hz des SDOF bezeichnet wird) und

$$D = \frac{c}{2m\omega_0} \tag{2.4}$$

als dimensionsloses Dämpfungsmaß.

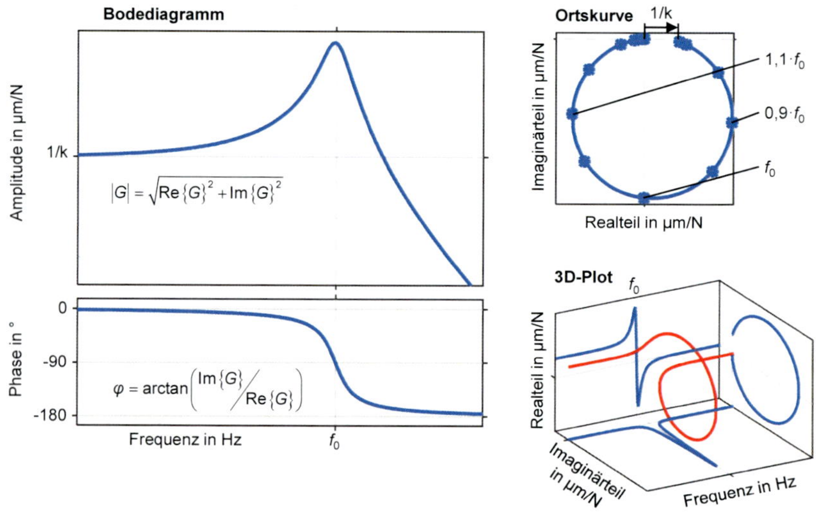

Bild 2-2: Darstellung des komplexen Nachgiebigkeitsfrequenzganges eines SDOF
Bode Diagram and Nyquist Plot of a SDOF System

Analog zu der Annahme in [PREU13] soll im Folgenden davon ausgegangen werden, dass die Dämpfung der in dieser Arbeit betrachteten Systeme klein ist, sodass die freie Bewegungsantwort des SDOF oszillierend ist. Diese Annahme kann insbesondere für Werkzeugmaschinen ohne Bedenken getroffen werden, da typische Werte für die Systemdämpfung von Werkzeugmaschinen kleiner als 10% sind [WECK06c].

Gleichung (2.2) stellt den sogenannten Nachgiebigkeitsfrequenzgang dar. Es existiert eine Vielzahl verschiedener Möglichkeiten, diesen komplexen Frequenzgang ($G(\omega) \in \mathbb{C}$) grafisch darzustellen und auszuwerten [GURA15]. Die geläufigsten Darstellungen sind der Plot des Frequenzganges in einem Bode-Diagramm, einer Ortskurve (auch als Nyquist-Plot bekannt) oder ein separater Plot für Real- und Imaginärteil (Bild 2-2). In dieser Arbeit werden die Ergebnisse vornehmlich am Bode-Diagramm oder direkt an dem Plot des Realteils über der Frequenz erläutert und diskutiert.

2.1.2 Der gedämpfte Mehrmassenschwinger

The Multiple Degree of Freedom System

Der SDOF ist ein theoretisches Modell, welches nur in bestimmten Fällen eine ausreichende Beschreibung des dynamischen Verhaltens eines strukturmechanischen Systems liefert. Der Mehrmassenschwinger (kurz: MDOF für „Multiple Degree Of Freedom") erweitert diese einfache Modellvorstellung um eine beliebige Anzahl weiterer Freiheitsgrade. Der einfachste Fall eines MDOF ist der Zweimassenschwinger (kurz: 2DOF), welcher in Kapitel 3.1 angesichts der dortigen Argumentation vertieft wird.

Die allgemeine Form der Bewegungsgleichung eines MDOF kann über die Gleichung

$$\underline{M}\ddot{\vec{x}} + \underline{C}\dot{\vec{x}} + \underline{K}\vec{x} = \vec{F}e^{j\omega t} \tag{2.5}$$

formuliert werden. Hierbei sind die Massenmatrix $\underline{M}$, die Dämpfungsmatrix $\underline{C}$ und die Steifigkeitsmatrix $\underline{K}$ symmetrisch und positiv semidefinit, also $x^T \underline{A} x \geq 0$ wobei $\underline{A} = \underline{M}, \underline{C}, \underline{K}$. $\vec{x}$, $\dot{\vec{x}}$ und $\ddot{\vec{x}}$ sind jeweils die Vektoren der Verlagerung, Geschwindigkeit und Beschleunigung. $\vec{F}e^{j\omega t}$ ist der Kraftvektor einer harmonischen Fremderregung des MDOF, infolge welcher sich eine ebenfalls harmonische Systemantwort $\vec{X}e^{j\omega t}$ einstellt. Diese Antwort hat nur in dem Frequenzband der Erregung Energie. Die sogenannte Nachgiebigkeitsmatrix $\underline{G}$ des MDOF stellt dabei die Beziehung zwischen $\vec{F}$ und $\vec{X}$ her:

$$\vec{X} = \underline{G}(\omega)\vec{F} = \left[-\omega^2\underline{M} + j\omega\underline{C} + \underline{K}\right]^{-1}\vec{F} \tag{2.6}$$

Nach Transformation der Gleichung (2.6) in den modalen Raum [PREU13] ergibt sich für den Nachgiebigkeitsfrequenzgang

$$\begin{aligned} G(\omega) &= \sum_{i=1}^{n} \frac{\vec{\Phi}_i \vec{\Phi}_i^T}{m_i\left(\omega_i^2 + 2jD_i\omega_i\omega - \omega^2\right)} \\ &= \sum_{i=1}^{n} \frac{\vec{\Phi}_i \vec{\Phi}_i^T}{m_i\omega_i^2} \cdot \frac{1}{1-\left(\omega/\omega_i\right)^2 + 2jD_i\left(\omega/\omega_i\right)} = \sum_{i=1}^{n} \frac{\vec{\Phi}_i \vec{\Phi}_i^T}{m_i\omega_i^2} \cdot V_i(\omega) \end{aligned} \tag{2.7}$$

wobei $\vec{\Phi}_i$ der sogenannte Eigenformvektor (eng.: mode shape vector), V_i der Vergrößerungsfaktor (eng.: dynamic amplification factor) und $m_i = \vec{\Phi}_i^T \underline{M} \vec{\Phi}_i$ die modale Masse des Freiheitsgrads i ist (n ist die Anzahl der Freiheitsgrade). Die zugehörige Eigenkreisfrequenz des i-ten Freiheitsgrades ergibt sich aus

$$\omega_i^2 = \frac{k_i}{m_i} \tag{2.8}$$

mit der modalen Steifigkeit

$$k_i = \vec{\Phi}_i^T \underline{K} \vec{\Phi}_i \tag{2.9}$$

$V_i(\omega)$ wird als Vergrößerungsfunktion der i-ten Eigenform bezeichnet. Zuletzt ergibt sich das modale Dämpfungsmaß D_i unter Zuhilfenahme des modalen Dämpfungskoeffizienten $c_i = \vec{\Phi}_i^T \underline{C} \vec{\Phi}_i$ nach

$$D_i = \frac{c_i}{2m_i\omega_i} \tag{2.10}$$

Wird nun ein MDOF, beschrieben durch Gleichung (2.7), nur in einem bestimmten Frequenzband (z. B. $\omega = 0$ bis $\omega = \omega_b$) durch eine Kraft $\vec{F}e^{j\omega t}$ angeregt, enthält die Systemantwort $\vec{X}e^{j\omega t}$ in dem Frequenzbereich $\omega > \omega_b$ keine Schwingungsenergie. Somit werden auch Eigenmoden außerhalb dieses Bandes nicht erregt, weshalb dort $V_i \approx 1$ angenommen werden kann [PREU13]. Somit kann Gleichung (2.7) für das Frequenzband $\omega < \omega_m$ (hierbei ist ω_m leicht größer als ω_b) folgendermaßen angenähert werden:

$$G(\omega) \approx \sum_{i=1}^{m} \frac{\vec{\Phi}_i \vec{\Phi}_i^T}{m_i\omega_i^2} \cdot V_i(\omega) + \sum_{i=m+1}^{n} \frac{\vec{\Phi}_i \vec{\Phi}_i^T}{m_i\omega_i^2} \tag{2.11}$$

Für den statischen Fall ($\omega = 0$) gilt somit

$$G(\omega = 0) \approx \sum_{i=1}^{m} \frac{\vec{\Phi}_i \vec{\Phi}_i^T}{m_i\omega_i^2} + \sum_{i=m+1}^{n} \frac{\vec{\Phi}_i \vec{\Phi}_i^T}{m_i\omega_i^2} \triangleq K^{-1} \tag{2.12}$$

Nach Auflösen und Einsetzen der Gleichung (2.12) in Gleichung (2.11) ergibt sich

$$G(\omega) \approx \sum_{i=1}^{m} \frac{\vec{\Phi}_i \vec{\Phi}_i^T}{m_i \omega_i^2} \cdot V_i(\omega) + K^{-1} - \sum_{i=1}^{m} \frac{\vec{\Phi}_i \vec{\Phi}_i^T}{m_i \omega_i^2} = \sum_{i=1}^{m} \frac{\vec{\Phi}_i \vec{\Phi}_i^T}{m_i \omega_i^2} \cdot V_i(\omega) + UR \qquad (2.13)$$

Somit nähert der zweite Teil auf der rechten Seite der Gleichung (2.11) das Verhalten der Moden außerhalb des Betrachtungsbereiches durch einen von der Frequenz unabhängigen Term *UR* an, welcher auch als oberes Residuum (eng.: upper residual term) oder als „Restnachgiebigkeit“ bezeichnet wird [WECK06c].

Liegt nun das betrachtete Frequenzband zwischen $\omega_a > 0$ und ω_b, muss auch das Verhalten unterhalb ω_a angenähert werden, um das Nachgiebigkeitsverhalten innerhalb des Frequenzbandes hinreichend genau beschreiben zu können. Hierbei kann das Verhalten unterhalb ω_a als sogenannte Starrkörpermode (im Gegensatz zur Mode mit flexiblen Körpern) angesehen werden. Somit erweitert sich nach [PREU13] die Gleichung (2.13) (wobei ω_r leicht kleiner ist als ω_a) zu

$$\begin{aligned} G(\omega) &\approx \sum_{i=1}^{r} \frac{\vec{\Phi}_i \vec{\Phi}_i^T}{-m_i \omega^2} + \sum_{i=r+1}^{m} \frac{\vec{\Phi}_i \vec{\Phi}_i^T}{m_i \omega_i^2} \cdot V_i(\omega) + UR \\ &= -\frac{LR}{\omega^2} + \sum_{i=r+1}^{m} \frac{\vec{\Phi}_i \vec{\Phi}_i^T}{m_i \omega_i^2} \cdot V_i(\omega) + UR \end{aligned} \qquad (2.14)$$

Der erste Term in der Gleichung (2.14) wird analog zum oberen Residuum als nunmehr unteres Residuum (eng.: lower residual term) bezeichnet. Hier steht der Index *r* für die Anzahl der Moden unterhalb des betrachteten Frequenzbereiches und *m* für die *m*-te Mode, welche gerade noch im betrachteten Frequenzbereich liegt.

2.2 Dynamisches Verhalten von Werkzeugmaschinen

Dynamic Behavior of Machine Tools

2.2.1 Schwingungsarten und deren Ursachen

Types of Vibrations in Metal Cutting

Werkzeugmaschinen können mit einer endlichen Genauigkeit, analog zu anderen mechanischen Strukturen, als MDOF (vgl. Kapitel 2.1) verstanden und modelliert werden [ALTI04a; ALTI05; QUEI05; WITT07; WECK06c; ALTI12; SITT13]. Dieses System mit einer endlichen dynamischen Steifigkeit wird nun im Bearbeitungsprozess einerseits durch Prozesskräfte, aber auch durch andere, äußere Kräfte dynamisch belastet. Schon in [TAYL06] wurden Schwingungen während der Zerspanung von Metall thematisiert und erstmals in [TOBI64] die verschiedenen Schwingungsarten im Bearbeitungsprozess in 1. freie Schwingungen, 2. erzwungene Schwingungen und in 3. selbsterregte Schwingungen systematisiert. In dieser Arbeit sollen analog zu [WECK06c] die freien und erzwungenen Schwingungen zu den sogenannten fremderregten Schwingungen zusammengefasst werden (vgl. Bild 2-3).

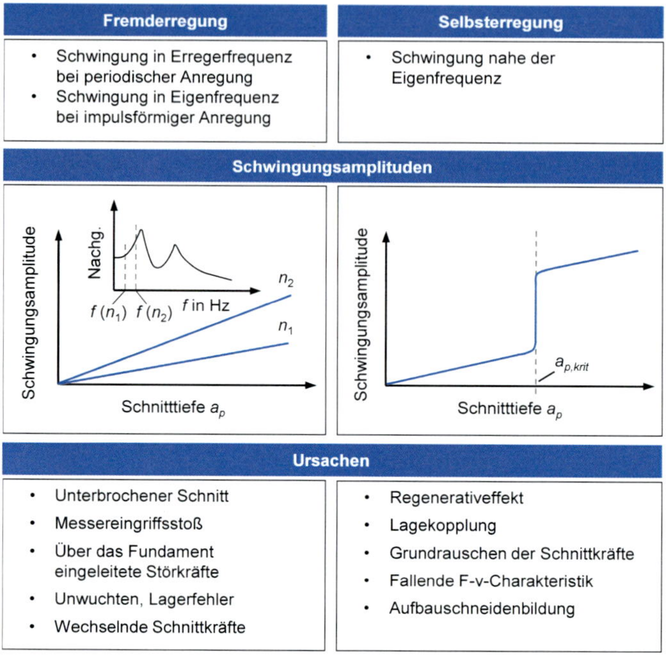

Bild 2-3: Fremd- und selbsterregte Schwingungen nach [WECK06c]

External and Self-excited Vibrations

Fremderregte Schwingungen

Eine impulsförmige Kraftamplitude ist definiert als eine Erregung mit großer Amplitude in einem sehr kurzen Zeitraum. Geht der Zeitraum, in welchem der Impuls stattfindet, gegen Null (also $t \to 0$) und hat das Integral gerade einen Wert von Eins, so spricht man von einem „Dirac-Stoß" (Gleichung (2.15)).

$$\int_0^t F(t)dt = 1 \tag{2.15}$$

Dieser ideale Fall führt zu einer freien Schwingung der mechanischen Struktur in einem unendlich breiten Frequenzband. [PREU13]

In der Realität hat ein Erregungsimpuls (z. B. eine durch das Fundament eingeleitete Störkraft aus einer benachbarten Fertigungsstätte) immer eine endliche Amplitude, benötigt einen klar besetzten Zeitraum und erregt damit auch nur ein nach oben begrenztes Frequenzband. Infolge einer solchen impulsförmigen Fremderregung klingt die Schwingung der Maschine exponentiell in dem erregten Frequenzband, abhängig von der Dämpfung der jeweiligen erregten Schwingungsmode, frei aus. [WECK06c]

Liegt anstelle einer impulsförmigen eine harmonische Kraftamplitude am mechanischen System an, so schwingt dieses System mit den Frequenzen des Erregungssignals. Man spricht dann von einer erzwungenen Schwingung. Die Amplitude der Verlagerungsantwort des Systems infolge der Kraft ist direkt abhängig von seinem Nachgiebigkeitsverhalten in der Erregerfrequenzbandbreite (vgl. Kapitel 2.1.2).

Typische Fremderregungen während einer spanenden Bearbeitung sind neben maschinenexternen Einflüssen auch die im Prozess auftretenden dynamischen Prozess- und Fliehkräfte. Beispielsweise erzeugt der Schneideneingriff bei einer Fräsoperation eine periodische Erregung der Maschine mit der sogenannten Zahneingriffsfrequenz. Darüber hinaus ist in einem solchen Prozess nach [WECK06c] die Amplitudenhöhe bei einer fremderregten Schwingung durch den Messereingriffsstoß linear proportional zur vorliegenden Spanungstiefe und steigt zusätzlich mit größer werdender Drehzahl des Werkzeuges an (vgl. Bild 2-3 mitte links).

Selbsterregte Schwingungen

Während bei einer Fremderregung die Schwingungsenergie von außen zugeführt wird, beziehen selbsterregte Schwingungen in Zerspanprozessen ihre Schwingungsenergie aus dem Prozess selbst [SITT13]. Einen Überblick verschiedener Arten von Selbsterregungen zeigt Bild 2-3 unten rechts. Die im Werkzeugmaschinenbau wichtigste Art ist der sogenannte Regenerativeffekt [WECK06c]. Der Regenerativeffekt – allgemein auch unter dem Begriff „Rattern" geläufig – ist schon seit mehr als 50 Jahren bei der Zerspanung von Metall ein bekanntes Problem [ARNO46]. Die Theorie hinter diesem Phänomen war damals allerdings noch nicht erforscht. Die ersten grundlegenden Ansätze, diesen Effekt für das Zerspanen mit definierter Schneide zu beschreiben und als Ursache die Wechselwirkung zwischen dem Bearbeitungsprozess und dem dynamischen Verhalten der Werkzeugmaschine zu identifizieren, entstanden in den 1950er und 1960er Jahren [TOBI56; TOBI58; ANDR61; PÉTE63b; PÉTE63a; TOBI64; MERR65]. Ausgehend von diesen Formulierungen wird noch heute die sogenannte Prozess-Maschine-Interaktion (kurz: PMI) für komplexere Bearbeitungsprozesse, wie zum Beispiel für das parallele Drehen [BREC15b] oder dem spitzenlosen Schleifen [HANN08; BREC12f], erforscht. Eine wesentliche Herausforderung dabei ist die Modellierung der PMI sowie die Ableitung und Vorhersage von Optimierungsmaßnahmen für die verschiedenen abtragenden Technologien [ALTI04a; ALTI04b].

In [WECK06c] werden die wichtigsten Grundlagen zu diesem Thema – insbesondere zum Regenerativeffekt beim Zerspanen mit definierter sowie undefinierter Schneide – dargelegt und sollen nun anhand eines einfachen Außenrund-Drehprozesses verdeutlicht werden (Bild 2-4).

Infolge einer impulsförmigen Änderung der Schnittkraft F_{St} (Zeitpunkt $t = t_1$), etwa durch eine Materialinhomogenität im Werkstück oder durch den Anschnitt selbst, schwingen die Werkstück- und Werkzeugseite der Maschine in ihren Eigenfrequenzen aus (vgl. Fremderregte Schwingungen). Dies führt in der Regel zu einer zunächst abklingenden relativen Bewegung x_g zwischen Werkstück und Schneide (Index g für „gerichtet“), was eine aufgeschnittene Oberflächenwelle auf dem Werkstück erzeugt (Zeitpunkt $t = t_2$). Im Falle des betrachteten Drehprozesses wird nun nach einer Werkstückumdrehung in die aufgeschnittene Welle erneut eingeschnitten, wodurch die Maschine nun nicht impulsartige, sondern aufgrund der Spandickenänderung mit der dynamischen Gesamtschnittkraft F_{Ges} in den Eigenfrequenzen angeregt wird (Zeitpunkt $t = t_3$).

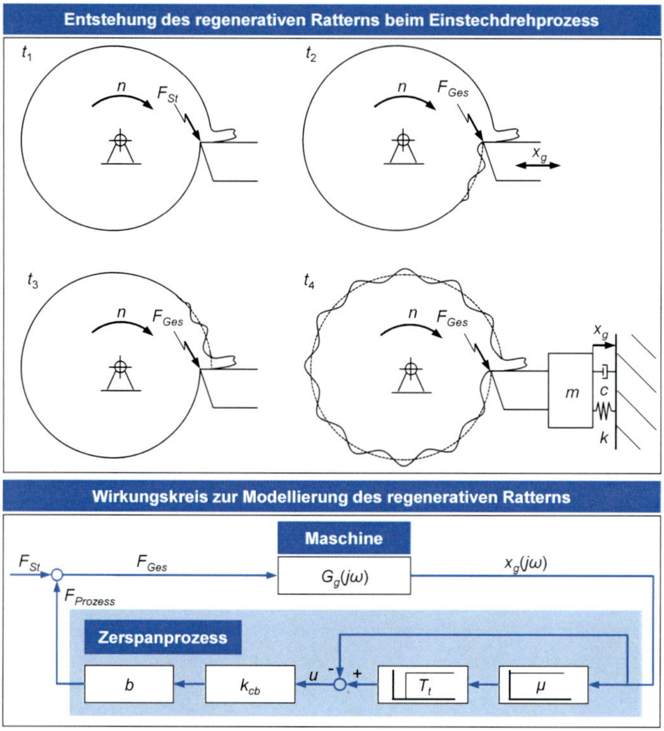

Bild 2-4: Regenerativeffekt beim Drehen nach [WECK06c]

Regenerative Chatter in Turning

Reicht nun die Dämpfung der Struktur an der dominant angeregten Resonanzstelle – hier wurde die Maschinenstruktur exemplarisch als SDOF vereinfacht – nicht mehr aus und/oder liegen ungünstige Prozessparameter (z. B. Drehzahl n, Spanungsbreite b) vor, so werden die Welligkeitsamplituden auf dem Werkstück immer ausgeprägter und führen infolge der sich fortlaufend ändernden Spandicke zu einer immer größeren Schnittkraftänderung. Die Wechselwirkung zwischen den dynamischen Prozesskräften und den resultierenden Verlagerungen relativ zwischen Werkstück und Werkzeug können den Bearbeitungsprozess destabilisieren und zu schlagartig ansteigenden Schwingungsamplituden führen (vgl. auch Bild 2-3 Mitte rechts). Man spricht dann von einem Prozess, der „rattert“ (Zeitpunkt $t = t_4$).

Im unteren Teil von Bild 2-4 ist der Wechselwirkungskreis zwischen der Maschinenstruktur und dem Zerspanprozess für einen Außenrund-Drehprozess gezeigt. Im Vorwärtszweig wird das bzgl. der gesamten Prozesskraft F_{Ges} gerichtete dynamische Nachgiebigkeitsverhalten der Werkzeugmaschine G_g abgebildet. Die resultierende Relativverlagerung x_g bewirkt anschließend eine sogenannte äußere und eine innere Spandickenmodulation, welche zusammen die effektive Spandicke u ergeben. Die äußere Spandickenmodulation stellt hierbei die aus der jeweils im vorherigen Schnitt aufgeschnittene Oberflächenwelle dar und wird daher mit dem Überdeckungsfaktor μ und der Totzeit T_t beschrieben. Die innere Spandickenmodulation resultiert aus der aktuellen Oszillation zwischen Werkzeug und Werkstück. Infolge der Spandicke ergibt sich dann die wirkende Prozesskraft. Dieser Zusammenhang kann über entsprechende Kraftmodelle (z. B. mit linearen oder exponentiellen Ansatzfunktionen) mit dem spezifischen Schnittkraftkoeffizienten k_{cb} abgebildet werden. Ein Überblick über aktuelle Modelle ist z. B. in [WITT07] zu finden. Übliche Modelle bei der Zerspanung mit definierter Schneide haben gemein, dass die Schnittbreite b ein proportionaler Faktor ist.

Der Wechselwirkungskreis aus Bild 2-4 kann mit Hilfe von aus der Regelungstechnik bekannten Kriterien auf Stabilität geprüft werden. Aus dem zweiten Teil des Nyquist-Kriteriums

$$\mathrm{Im}\left\{G_0(\omega)\right\} = 0 \tag{2.16}$$

kann mit dem offenen Regelkreis

$$G_0(\omega) = G_g(\omega)\cdot\left(e^{-j\omega T_t} - 1\right)\cdot k_{cb}\cdot b \tag{2.17}$$

nach [WECK06c] für jede Ratterfrequenz f nach der folgenden Gleichung die zugehörige kritische Drehzahl ermittelt werden:

$$n(f) = \frac{60\cdot f}{zT_t} = \frac{60\cdot f}{z\left(m - \frac{1}{\pi}\arctan\left(\frac{\mathrm{Re}\left\{G_g(\omega)\right\}}{\mathrm{Im}\left\{G_g(\omega)\right\}}\right)\right)} \tag{2.18}$$

Hierbei wird z als die Anzahl der Werkzeugschneiden eingeführt, um auch einfache Fräsprozesse abbilden zu können. In einem Drehprozess ist $z = 1$ zu setzen. m bildet die Mehrdeutigkeit des Arcustangens – $\arctan(-\alpha) = -\arctan(\alpha + m\cdot\pi)$ – in der Gleichung (2.18) ab.

Aus dem ersten Teil des Nyquist-Kriteriums

$$\mathrm{Re}\left\{G_0(\omega)\right\} = 1 \tag{2.19}$$

kann dann die minimale kritische Grenzspanungsbreite

$$b_{krit,\min} = \frac{1}{2k_{cb}\left|\text{Re}\left\{G_g(\omega)\right\}_{neg}\right|_{\max}} \tag{2.20}$$

formuliert werden. Somit ist die kritische Grenzspanungsbreite direkt antiproportional zum absoluten Betrag des negativen Realteils des gerichteten Nachgiebigkeitsfrequenzganges G_g.

2.2.2 Untersuchung des dynamischen Verhaltens von WZM

Metrological Investigation of the Dynamic Behavior of Machine Tools

In [MAIA97] wird die messtechnische Untersuchung des dynamischen Verhaltens von mechanischen Strukturen mehr als „Kunst“ denn als Wissenschaft bezeichnet. Die „Kunst“ liegt darin, die Vielzahl von Methoden, Aktoren und Sensoren derartig zu nutzen, dass die zahlreichen Einflüsse auf das Messergebnis identifiziert, minimiert und deren unvermeidlicher Fehlereinfluss abgeschätzt und bewertet werden kann.

Die Tatsache, dass praktisch alle Maschineneigenschaften systematischen und zufälligen Einflüssen unterliegen, stellt auch bei der messtechnischen Untersuchung des dynamischen Verhaltens von Werkzeugmaschinen eine große Herausforderung dar [BREC06]. In einem exemplarischen Ringversuch, durchgeführt durch das Werkzeugmaschinenlabor WZL der RWTH Aachen, konnte festgestellt werden, dass die Fehler einer üblichen Messkette heutzutage eine untergeordnete Rolle spielen. Vielmehr sind die mechanischen Zustände (Position der Maschine, Schmierung in den Koppelstellen, Umgebungstemperatur, etc.) der zu untersuchenden Struktur für die Güte und Vergleichbarkeit des Messergebnisses maßgeblich [BREC11a]. Auch wird in [NEUG09] berichtet, dass beispielsweise die Befestigung der Beschleunigungssensoren, welche in vielen Untersuchungen Einsatz finden, eine wesentliche Rolle spielt. Unter der üblichen Verwendung von Bienenwachs, insbesondere bei gekrümmten Messobjektoberflächen, ist auf eine minimale Schichtdicke (< 1,5 mm) vom Wachs zu achten, um die dämpfende Wirkung des Wachses zu minimieren.

Die grundlegenden Methoden sowie typische Sensoren und Aktoren zur messtechnischen Untersuchung des dynamischen Verhaltens mechanischer Strukturen werden in zahlreichen Lehrbüchern, wie z. B. [MAIA97; HEYL98; BRAN11], beschrieben. Die Besonderheiten in Bezug auf Werkzeugmaschinen werden in [WECK71; WECK77; WECK06c] herausgestellt. Ein typisches Vorgehen bei der Untersuchung des dynamischen Maschinenverhaltens im Falle unerwünschter Schwingungen im Bearbeitungsprozess zeigt Bild 2-5. Ausgehend von Rattermarken auf dem Werkstück a) werden im ersten Schritt Bearbeitungsversuche b) durchgeführt. Die im Prozess auftretenden Beschleunigungen können dann zusammen mit den Nachgiebigkeitsfrequenzgängen c) an der Zerspanstelle (kurz: TCP für „Tool Center Point“) einer Fremd- oder Selbsterregung zugeordnet werden. Die Modalanalyse d) liefert Aufschluss über Strukturschwachstellen, welche die jeweiligen Eigenformen begünstigen, sodass abschließend Optimierungsmaßnahmen e) eingeleitet werden können [WECK06c; ZÄH10; BREC13e]. Für derartige Untersuchungen gibt es aktuell eine Reihe von Dienstleistern (eine eigene Recherche im Jahr 2015 führte zu neun Anbietern innerhalb Deutschlands). Die Branche des Werkzeugmaschinenbaus hat sich dieses Know-how in den letzten Jahren mehr und mehr angeeignet, sodass sie einfache Untersuchungen heute vielfach selbst durchführt [BREC14b].

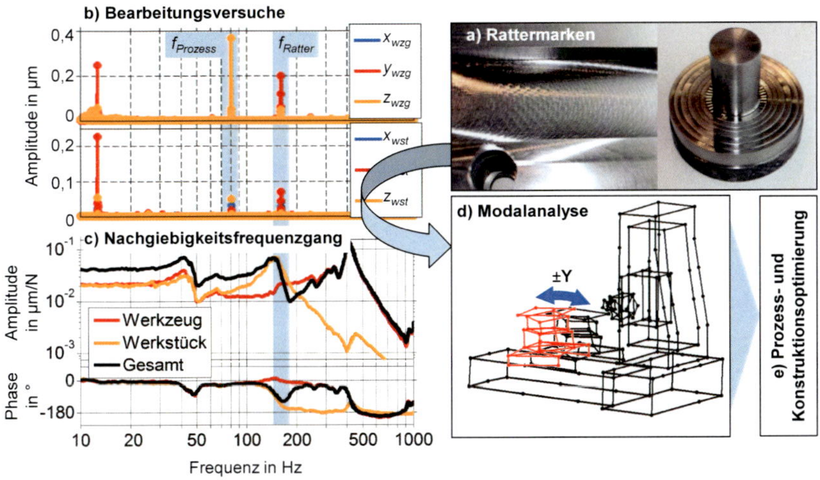

Bild 2-5: Allgemeines Vorgehen bei der messtechnischen Untersuchung von Werkzeugmaschinen [BREC13e]

General Approach for Measuring the Dynamic Behavior of Machine Tools

2.2.3 Maßnahmen zur Optimierung der WZM bzw. der PMI

Optimization of Machine Tools and Process-Machine-Interaction

Über dem gesamten Lebenszyklus einer Werkzeugmaschine werden in der Literatur folgende vier unterschiedliche Optimierungsmaßnahmen zur Verbesserung der Bauteilqualität oder zur Steigerung der Produktivität bei dynamischen Schwingungsproblemen beschrieben: 1. konstruktive Maßnahmen, 2. Optimierung der Reglereinstellungen von Vorschubachsen, 3. prozessseitige Maßnahmen und 4. dynamische Zusatzsysteme.

Konstruktive Maßnahmen

Konstruktive Maßnahmen beziehen sich in der Regel auf die passiven Komponenten der Werkzeugmaschine (z. B. Strukturbauteile wie Maschinenbett, -tisch, etc. und die Koppelelemente zwischen diesen Baugruppen, etwa Profilschienenführungen oder Kugelgewindetriebe). Das dynamische Verhalten dieser passiven Strukturen wird durch ihre Eigenschaften in Masse m, Steifigkeit k und Dämpfung D bestimmt. Die sich ergebende Gesamtmaschine und wiederum deren Masse, Steifigkeit bzw. deren räumliche Verteilung, sowie die vorhandene Dämpfung (vornehmlich in den Koppelstellen), ergibt ein für jede Maschine individuelles dynamisches Verhalten [WECK06c; WECK06a]. Das dynamische Verhalten der Koppelstellen ist hierbei stark von der Einbausituation (z. B. Schmierung, Vorspannklasse, etc.) abhängig [GROß10; BREC12c; BREC12a; BREC13d; BREC14d; FEY15]. Bild 2-6 zeigt anhand eines einfachen SDOF mit viskoser Dämpfung die Auswirkungen bei Änderung der grundlegenden Parameter Masse *m*, Steifigkeit *k* und Dämpfungskoeffizient *c*.

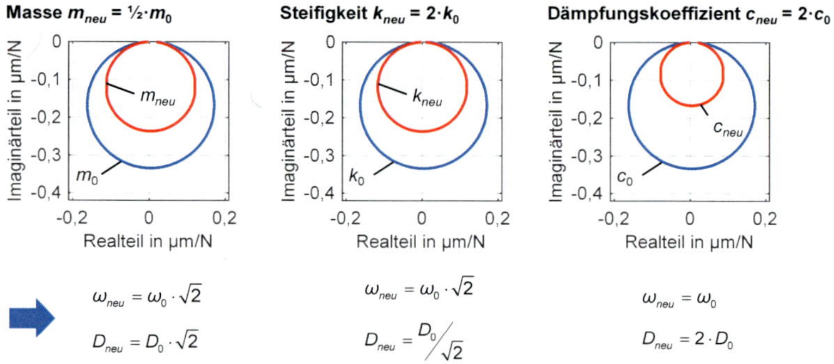

Bild 2-6: Einfluss der Masse, Steifigkeit und Dämpfung auf einen SDOF
Effect by Changing Mass, Stiffness and Damping Properties of a SDOF

Eine massearme Konstruktion ist im Sinne der Verfahrdynamik der Vorschubachsen anzustreben. Ebenso sollten die Massen dort reduziert werden, wo große Schwingungsamplituden zu erwarten sind. Auf der anderen Seite ist eine ausreichend steife Konstruktion zwingend notwendig, um eine ausreichende Positioniergenauigkeit auch unter Bearbeitungslast sicherzustellen. In der Regel geht eine höhere Steifigkeit jedoch auch mit einer höheren Masse einher. Bild 2-6 verdeutlicht zudem, dass eine Erhöhung der Dämpfung (z. B. in den Koppelelementen) den größten Einfluss sowohl auf die Nachgiebigkeitsamplitude als auch auf den absoluten Betrag des negativen Realteils hat. Allerdings ist die viskose Dämpfung proportional zur Relativgeschwindigkeit in der Koppelstelle, was der Forderung nach hoher Steifigkeit entgegen steht. Schon in [HÖLK57] wurde festgestellt, dass ein direkter Zusammenhang zwischen der konstruktiven Gestaltung der Maschine (dort am Beispiel einer Drehmaschine), aber insbesondere der Auskraglänge des Werkzeuges und den selbsterregten Schwingungen im Bearbeitungsprozess besteht. In [HÖLK57] wird für einen Drehmeißel das sogenannte „Schwanenhalsprinzip“ (Bild 2-7) optimiert. Hierbei wird der Drehmeißel gezielt geschwächt und in dieser Schwachstelle ein Flüssigkeitsdämpfer eingebracht. Obwohl die Zusammenhänge damals noch nicht vollständig bekannt waren, konnte mit diesem Schwanenhals und entsprechendem Dämpfungselement eine Reduktion der negativen Realanteile des zugehörigen Nachgiebigkeitsfrequenzganges (Bild 2-7) und somit eine Stabilisierung des Drehprozesses erreicht werden.

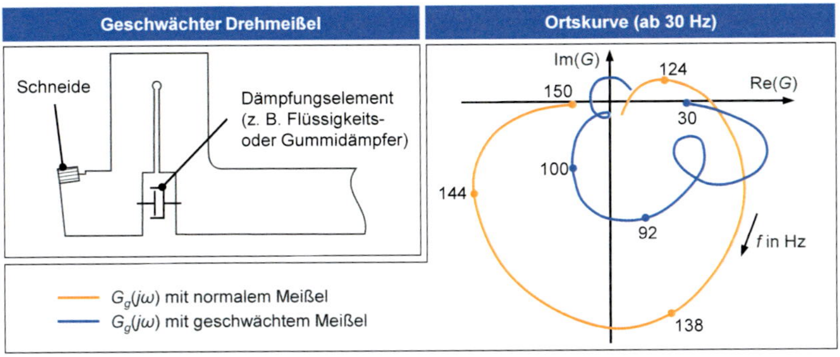

Bild 2-7: Schwanenhalsprinzip gezeigt an einem geschwächten Drehmeißel nach [WECK06a]

Turning Tool with In-build Dynamic Compliance and Damper

Zusammenfassend ergeben sich für den Konstrukteur der Werkzeugmaschine eine Vielzahl von Anforderungen, in dessen Lösungsraum er ein Optimum für sein konkretes Maschinenkonzept finden muss. Das entstandene Optimierungsproblem kann durch den Einsatz beispielsweise der Finite-Elemente-Methode (kurz: FEM) und anschließende numerische Optimierungsansätze gelöst werden. Grundsätzlich lassen sich drei Optimierungsansätze unterscheiden: die Parameteroptimierung, die Topologieoptimierung und die Formoptimierung. Einen guten Überblick über die verschiedenen Optimierungsverfahren bietet [WECK06a]. Einige Anwendungen dieser Methoden zur Optimierung der Maschinenstruktur sind in [HESS03; ABEL10a; BREC11b; SEIL12] beschrieben.

Neben der geometrischen Gestaltung von Bauteilen können auch alternative Werkstoffe die dynamischen Eigenschaften der Gesamtmaschine optimieren. So werden in [HIPK02] verschiedene Profilquerschnitte mit Aluminiumschaum ausgeschäumt und die resultierenden Eigenschaften in Masse, Steifigkeit und Dämpfung untersucht. Beispielsweise kann Aluminiumschaum in einem Rohrprofil eine Verbesserung der Torsionssteifigkeit sowie eine Zunahme der Dämpfung bewirken. Wichtig bei der Herstellung derartiger Profile ist eine gesicherte Verbindung zwischen Profilwand und Metallschaum, andernfalls können die Effekte nicht gezielt eingestellt werden. Die Herstellung ausgeschäumter Profile ist heute noch nicht serienreif. Neben Metallschäumen gibt es einen deutlichen Trend, bei Strukturbauteilen von Werkzeugmaschinen Verbundwerkstoffe (z. B. Polymerbeton- und Faserverbundwerkstoffe [KLEI07; SCHI12; NEBE13; LANG13]) einzusetzen [WECK06a]. Auch bieten neuartige Fertigungs- und Fügeverfahren, etwa das Selective Laser Melting (kurz: SLM) [BIER13] oder das Kleben von Maschinenkomponenten [ZATA04] Potenzial, das dynamische Verhalten von Werkzeugmaschinen zu optimieren.

Optimierung der Reglereinstellungen von Vorschubachsen

Wie in [WECK06b] beschrieben, müssen Vorschubantriebe die Lage- bzw. Geschwindigkeitssollwerte möglichst genau und ohne Verzögerung in Relativbewegungen umsetzen. Die Regelung von Vorschubachsen bestehen in der Regel aus einem Lage-, Geschwindigkeits- und Stromregelkreis. Während der Lageregler einen proportionalen Charakter (typischerweise mit K_V-Faktor bezeichnet) hat, besitzen sowohl Geschwindigkeits- als auch Stromregler typischerweise einen PI-Charakter mit jeweils einem Proportionalfaktor (K_p und K_i) und einer Zeitkonstante (T_p und T_i). Der Führungsfrequenzgang des vereinfachten Regelkreises eines Linearmotors wird in [BREC02] als PT_2-Element, also als SDOF-System mit der Eigenfrequenz

$$\omega_0 = \sqrt{\frac{K_V \cdot K_p \cdot K_F}{m}} \tag{2.21}$$

und der Dämpfung

$$D = \frac{1}{2} \cdot \sqrt{\frac{K_p \cdot K_F}{K_V \cdot m}} \tag{2.22}$$

angenähert. Hierbei ist K_F die Kraftkonstante des Linearmotors und m die Trägheitsmasse der betrachteten Vorschubachse. Soll zusätzlich der Stromregelkreis berücksichtigt werden, entstehen nichttriviale Übertragungsfunktionen für den Führungsfrequenzgang des Linearmotors oder des elektromechanischen Vorschubantriebes (z. B. Kugelgewindetriebs (kurz: KGT) oder Ritzel-Zahnstangenantriebs), sodass die einfache Annäherung für die Eigenfrequenz (vgl. Gleichung (2.21)) nicht mehr gültig ist. Allerdings ergeben sich dennoch stets Resonanzstellen, welche durch ungünstige Regelparameter verstärkt werden können. Somit hat neben der Mechanik auch die Regelung einen wesentlichen Einfluss auf das dynamische Verhalten der Vorschubachsen und somit auf das dynamische Verhalten des TCP [BREC02; WECK06b].

In [BREC13a] wird vorgeschlagen, unter Einsatz eines Lageistwertfilters den Lageregelkreis der Vorschubachsen so zu optimieren, dass Resonanzen im Antriebsstrang der Werkzeugmaschine gedämpft werden. Als Lageistwertfilter werden in [BREC13a] eine Bandsperre und ein Linear-Quadratischer-Gauß-Regler (kurz: LQR-Regler) verglichen. Die Bandsperre hat den Nachteil, dass diese zwar die ursprüngliche Resonanzstelle dämpfen kann, jedoch eine niederfrequente neue Resonanzstelle erzeugt. Der LQR-Regler kann dagegen deutlich präziser auf die dynamischen Charakteristika des offenen Regelkreises der Vorschubachse abgestimmt werden. In [BREC13a] wird so von einer Reduktion des Schleppfehlers um über 50% sowie einer Reduktion der Einschwingzeit und damit einer erhöhten Dynamik um 33% berichtet. Nachteilig ist jedoch die Tatsache, dass der Gleichanteil des Filters nicht 0 dB ist und sich somit ein statischer Positionierfehler einstellen kann. Zudem bedarf es noch einer Untersuchung der Robustheit des Ansatzes, um hinsichtlich Änderungen des dynamischen

Verhaltens der mechanischen Struktur (etwa durch höhere Werkstückgewichte oder einer anderen Achsposition) stabil und wirksam zu bleiben.

Ein ähnliches Ziel wird in [PARE11] verfolgt. Hier sollen durch einen geschickt ausgelegten Regler die Verformungen, ausgelöst durch die schieren Trägheitskräfte hochdynamischer Achsen, kompensiert werden. In einer simulativen Studie konnte gezeigt werden, dass mit diesem Regler 80% der Schwingungen reduziert werden konnten. Die praktische Umsetzung des Ansatzes fehlt bislang.

Ein weiterer Ansatz zur Optimierung des dynamischen Verhaltens von Vorschubachsen ist die Integration redundanter Zusatzachsen [IHLE12]. In [OSTE07] und [BREC11c] wird beispielsweise eine Kombination eines konventionellen elektromechanischen KGT mit einem Linear-Direkt-Antrieb vorgeschlagen, um die Vorteile (kostengünstiger, großer Verfahrbereich und hohe Dynamik) beider Prinzipien zu kombinieren. In [BREC11c] wurde gezeigt, dass die Positioniergenauigkeit eines Antriebes mit redundanter Achse bei deutlich höherer Dynamik der eines konventionellen Antriebes gleicht. So kann insgesamt durch den Einsatz von Zusatzachsen die Produktivität einer Maschine gesteigert werden.

Prozessseitige Maßnahmen

Wie in Kapitel 2.2.1 dargestellt, können fremd- und selbsterregte Schwingungen bei Werkzeugmaschinen unterschieden werden. Zu einer unvermeidbaren Fremderregung im Zerspanprozess gehört die periodische Anregung durch den Zerspanprozess selbst. Beispielsweise findet man in einem ansonsten stabilen Dreh- oder Schleifprozess immer eine gewisse Fremderregung mit der Drehfrequenz, bspw. durch Unwuchten oder geometrische Ungenauigkeiten in der Werkstückaufspannung. Der diskontinuierliche Spanabtrag in einem Fräsprozess führt neben einer Fremderregung mit der Drehfrequenz auch zu einer Fremderregung mit der Messereingriffsfrequenz (z. B. bei einem dreischneidigen Werkzeug mit der dreifachen Drehfrequenz). Liegen diese unvermeidbaren Fremderregungsfrequenzen ungünstigerweise gerade im Bereich einer ausgeprägten Maschinen- oder Werkstückresonanzstelle, so führt dies zu unerwünschten Schwingungen und mangelhaften Oberflächen. Prozessseitig können nun unter anderen Drehzahlen oder Werkzeuge angepasst werden, um Resonanzstellen der Werkzeugmaschine zu vermeiden.

Selbsterregte Schwingungen können ebenfalls durch prozessseitige Maßnahmen beeinflusst werden. Gleichung (2.18) und (2.20) legen für einen Drehprozess nahe, dass neben den dynamischen Eigenschaften der Werkzeugmaschine die Stabilität des Wirkkreises der PMI (vgl. Bild 2-4) von der Schnittbreite b, dem spezifischen Schnittkraftkoeffizienten k_{cb}, der Anzahl der Werkzeugschneiden z, dem Überdeckungsfaktor μ und von der Totzeit T_t abhängig ist. Derartige Abhängigkeiten existieren auch für spanende Prozesse mit undefinierter Schneide, wobei je nach Technologie aufgrund der komplizierten Kontaktbedingungen derartiger Prozesse unter anderen die Werkstückgeschwindigkeit v_W, die Zustellung a und der äquivalente

Schleifscheibenradius R_{eq} relevante Größen darstellen [SCHI80; KLOT87; FOLK93; HENN99; WECK06c; HANN08].

Ein vielfach beschriebenes und eingesetztes Hilfsmittel zur Ermittlung optimaler Prozessparameter sind, in Hinblick auf einen stabilen Bearbeitungsprozess, die sogenannten Stabilitätsdiagramme (vgl. Bild 2-8). Diese Diagramme zeigen den Verlauf – bspw. beim Drehprozess – der kritischen Grenzspanungsbreite über der Drehzahl. Sie können experimentell oder auch simulativ ermittelt werden [WECK06c]. Üblicherweise erfolgt eine empirische Optimierung des Bearbeitungsprozesses in der Hinsicht, dass Drehzahl oder Schnitttiefe so angepasst werden, dass der jeweilige Arbeitspunkt eine stabile PMI besitzt.

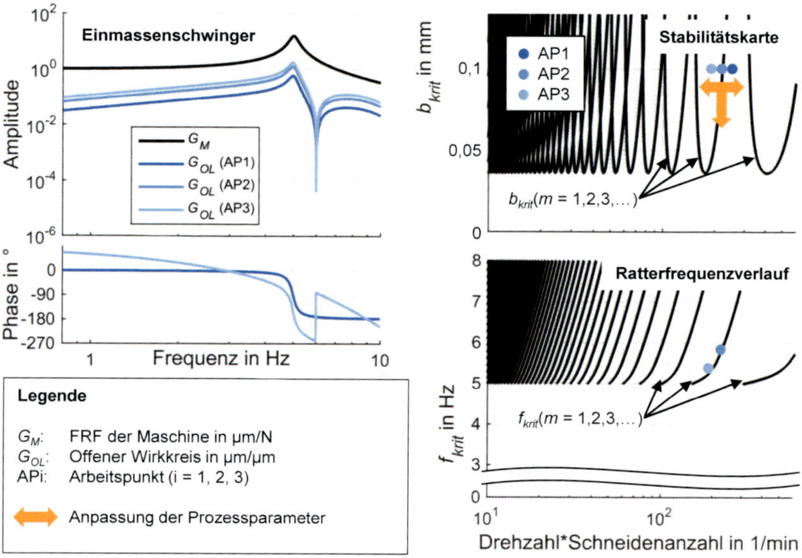

Bild 2-8: Grundlagen bei der Prozessoptimierung durch Anpassung der Drehzahl oder der Zustellung

Optimization of the Process-Machine-Interaction by Stability Charts

In [BREC10; BREC11d; BREC11e; SITT13; TROF15; BREC15b] werden vielfältige Ansätze zur Ermittlung der optimalen stabilen Prozessparameter sowohl mit Hilfe von experimentellen als auch simulativ ermittelten Stabilitätskarten vorgestellt. Neben den Parametern, welche direkt den PMI-Wirkkreis beeinflussen, kann die Periodizität im Wirkkreis auch durch ungleich geteilten Fräserschneiden [DREG66] und eine Variation der Drehzahl [BREC12e; GROS14] unterbrochen werden. Die Optimierung der Werkzeugsteifigkeit (z. B. kürzere Werkzeuglängen) oder der Schneidengeometrie [DENK15] (z. B. Erhöhung der Prozessdämpfung durch optimierte Freiflächen) sind weitere Maßnahmen zur Optimierung der PMI.

Dynamische Zusatzsysteme

Im Gegensatz zu den vorgenannten Maßnahmen, welche die ursprüngliche PMI direkt verändern, werden dynamische Zusatzsysteme ergänzend an die bestehende Maschinenstruktur angebracht oder in diese integriert. Ihr vornehmliches Ziel ist die Reduktion der Amplitudenüberhöhung oder des absoluten Betrags des negativen Realteils durch eine Superposition ihrer definiert eingestellten dynamischen Eigenschaften zusätzlich zu der bestehenden Maschine. Nach dem aktuellen Stand der Technik können drei verschiedene Arten von Zusatzsystemen unterschieden werden: 1. passive Zusatzsysteme, 2. semi-aktive Zusatzsysteme und 3. aktive Zusatzsysteme [WECK06c]. Bild 2-9 gibt einen Überblick über die prinzipielle Funktionsweise der drei Zusatzsystemarten.

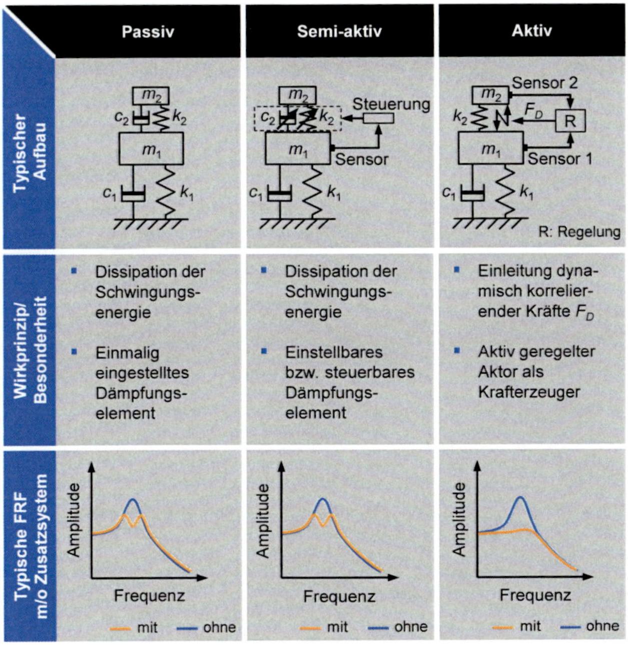

Bild 2-9: Überblick der dynamischen Zusatzsysteme
Overview of Dynamic Auxiliary Systems

Die VDI-Richtlinie 2064 definiert die passive Schwingungsisolierung als jene Art, welche keine Fremdenergie benötigt, um ihre dämpfende Wirkung zu erzielen. Dementgegen benötigen semi-aktive und aktive Systeme Fremdenergie, um ihre dynamischen Eigenschaften anzupassen (semi-aktiv) bzw. um überhaupt die notwendigen Dämpfungskräfte zu erzeugen (aktiv). Hierbei wird eine Abgrenzung zu den Begriffen „Empfänger- und Quellenisolierung" gemacht, welche im deutschen Sprachgebrauch auch als „aktive und passive Schwingungsisolierung" bekannt sind

[VERE11b]. Weiterführende Richtlinien zum Thema Schwingungsdämpfung und den Begriffsdefinitionen sind die VDI 2062 „Schwingungsisolierung“, 3830 „Werkstoff- und Bauteildämpfung“ und 3833 „Schwingungsdämpfer und Schwingungstilger“ [VERE04c; VERE04a; VERE04b; VERE05a; VERE05b; VERE06; VERE07; VERE09; VERE11a]. In dieser Arbeit werden die dortigen Definitionen der Begriffe weitestgehend übernommen.

Ergänzend zu den Begriffsdefinitionen der entsprechenden Richtlinien soll an dieser Stelle eine weitere Besonderheit der Wirkprinzipien dynamischer Zusatzsysteme hervorgehoben werden. Während passive und semi-aktive Systeme aufgrund ihrer Koppelelemente eine dissipative Natur besitzen, sind aktive Systeme durch dynamisch korrelierte geregelte Dämpfungs- oder Kompensationskräfte gekennzeichnet, welche in die mechanische Struktur eingeleitet werden. Somit können aktive Systeme instabil werden, während sowohl das auf der Maschinenstruktur montierte passive als auch das semi-aktive System in sich stabil bleibt [BREC13b; BREC13c]. Aufgrund der hohen Relevanz für diese Arbeit, werden passive Zusatzsysteme in einem späteren Kapitel (Kapitel 2.3) behandelt. Im Folgenden sollen daher nur aktuelle Beispiele für semi-aktive und aktive System genannt werden.

Beispiele semi-aktiver Zusatzsysteme

Semi-aktive Zusatzsysteme sind die konsequente Weiterentwicklung passiver Zusatzsysteme, da sie über flexible Koppelelemente oder eine variable Hilfsmasse verfügen. So umgehen sie den Nachteil rein passiver Systeme, welche nur für einen engen Frequenzbereich optimal wirken. Sie können sich daher über einen breiteren Frequenzbereich variablen Bedingungen anpassen. In [VERE11b] werden positionsgeregelte Luftfedern und Dämpfer mit einstellbaren Kennlinien als typische Beispiele genannt. In der Forschung kommen semi-aktive Systeme an verschiedenen Stellen der Werkzeugmaschine zum Einsatz, wie folgenden Beispiele zeigen.

So werden etwa in [VERL12; FREY13] parallel zu den bereits vorhandenen Führungsschuhen verschiedene semi-aktive Bremsen in eine klassische Vorschubachse eingebaut. Bild 2-10 oben zeigt den Aufbau der untersuchten Vorschubachse sowie die Lage der untersuchten Bremsen. Die Bremswirkung wird bei allen drei untersuchten Varianten (elektrohydraulische Bremse (kurz: EHB), elektromagnetische Bremse (kurz: EMB) und Linear-Direkt-Antrieb (kurz: LDA)) relativ zwischen Maschinenbett und Schlitten eingeleitet. Zur adaptiven Steuerung der Bremswirkung werden Drehgeber und das direkte Messsystem der Vorschubachse ausgelesen und damit die Bremswirkung optimal angepasst. In allen drei Fällen konnte die kritische Resonanzstelle der Vorschubachse (exemplarisch für die EMB in Bild 2-10 unten dargestellt) reduziert werden. Die Aufwände der zusätzlichen Integration eines LDA oder eines EHB sind jedoch erheblich, weshalb sich die EMB als die praktikabelste Lösung dasteht. Allerdings sind bei der EMB im Vergleich zur EHB und zum LDA die maximal möglichen Bremskräfte begrenzt und um eine Zehnerpotenz geringer. Die Integration eines der Ansätze in eine reale Werkzeugmaschine wird im Ausblick von [FREY13] angeregt.

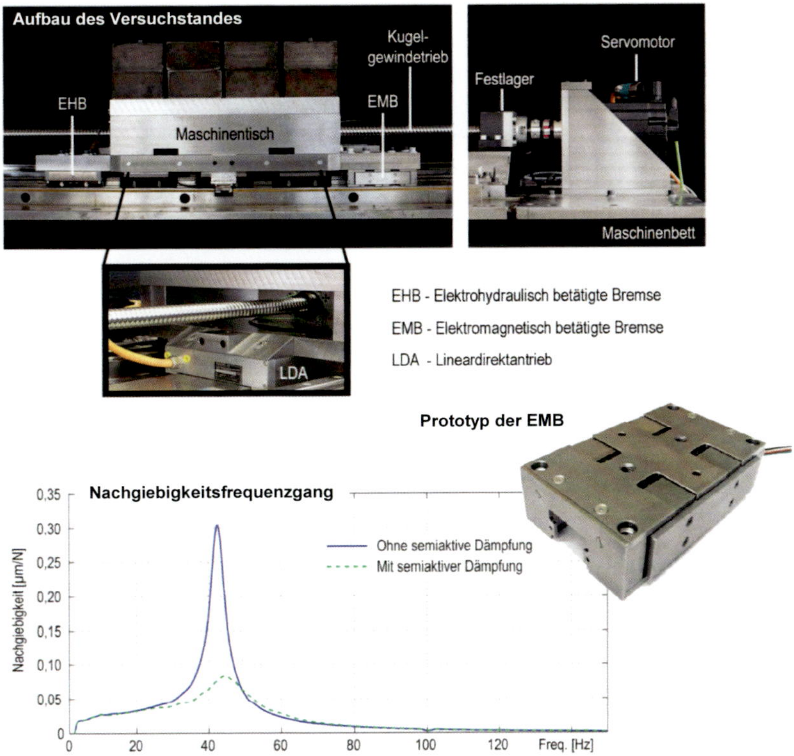

Bild 2-10: Semi-aktive Bremse in einer Vorschubachse von Werkzeugmaschinen [FREY13]

Semi-active Brake in Feed Axis of Machine Tools

Ein bezüglich des Dämpfungsprinzips des EMB ähnlicher Ansatz wird in [DENK11] beschrieben. Hierbei wird bei einer Vorschubachse, welche über einen LDA angetrieben wird, das Sekundärteil des LDA nicht direkt mit dem Maschinenbett verschraubt, sondern auf einem Ruckentkopplungsschlitten gelagert. Dieser zusätzliche Schlitten ist über eine einstellbare pneumatische Feder und einen einstellbaren elektromagnetischen Dämpfer an das Maschinengestell montiert. Die Positionssignale des direkten Wegmesssystems der redundanten Achse dienen als Steuergröße für diese variablen Elemente. Der am Prüfstand umgesetzte Prototyp wurde in einem nächsten Schritt in die 5-Achs-Versuchswerkzeugmaschine „Neximo“ vom Institut für Fertigungstechnik und Werkzeugmaschinen IFW der Universität Hannover integriert. In [GÜMM14] werden die Möglichkeiten und Grenzen dieses Ansatzes behandelt und bewertet. Die Reduktion der Schwingungsanregung führte letztlich zu einer messbaren Produktivitätssteigerung der Werkzeugmaschine in einem beispielhaften Bearbeitungsprozess.

In der Arbeit [AGUI12] wird ein selbsteinstellender semi-aktiver Hilfsmassendämpfer beschrieben, welcher zur Reduktion selbsterregter Effekte bei der Fräsbearbeitung eingesetzt werden kann. Zur automatischen Identifikation der kritischen Ratterfrequenz werden Beschleunigungssensoren im Dämpfer selbst vorgesehen. Über einen Motor kann eine Drehfeder eingestellt und damit die dynamischen Eigenschaften des HMD an die identifizierte Frequenz (maximale Bandbreite: 66 bis 105 Hz) angepasst werden. Die Dämpfung wird durch Wirbelstromeffekte in einem magnetischen Feld erzeugt. In Fräsversuchen konnte nachgewiesen werden, dass bei einer Positionierung des Hilfsmassendämpfers nahe dem Werkstück die maximal mögliche Schnitttiefe vergrößert wurde. Hierbei wurde der Hilfsmassendämpfer manuell eingestellt. Die angestrebte Selbsteinstellung ist Teil zukünftiger Arbeiten.

Neben den bereits erwähnten Arbeiten im Bereich der semi-aktiven Zusatzsysteme gibt es eine Vielzahl weiterer Ansätze, um den klassischen passiven Dämpfer „intelligent“ zu machen. Einen guten Überblick über bisherige Ansätze bietet [NEUG07]. Auch gibt es eine Vielzahl konzeptioneller Veröffentlichungen, welche sich losgelöst vom konkreten Bezug zur Werkzeugmaschine mit semi-aktiven Zusatzsystemen beschäftigen [ACAR13; EASO13; ALDE03].

Beispiele aktiver Zusatzsysteme

Sowohl passive als auch semi-aktive Zusatzsysteme arbeiten über eine Dissipation von Schwingungsenergie in den Koppelelementen. Eine Instabilität dieser Systeme ist somit ausgeschlossen. Aktive Systeme führen dem System Energie zu, indem sie mittels Aktoren dynamische Dämpfungskräfte in die Maschinenstruktur einleiten. Durch die Regelung der Aktoren über Sensorik und Regler entsteht ein geschlossener Regelkreis, welcher in Abhängigkeit der Regelstrecke, als auch dem Regler selbst, instabil werden kann (vgl. Bild 2-9 rechts). Dieser grundsätzliche Unterschied führt dazu, dass, neben den Bereichen der PMI in Bearbeitungsprozessen und Konstruktionstechnik, ein erhebliches Know-how des Entwicklers im Bereich der Mess- und Regelungstechnik erforderlich ist. Hilfestellung bieten Literaturquellen wie beispielsweise [PREU11], in welchen die Grundlagen der Regelungstechnik aktiver Zusatzsysteme anhand vieler Beispiele aufbereitet sind.

Aktive Zusatzsysteme und ihr Einsatz in Werkzeugmaschinen ist schon mehrere Jahre Gegenstand der Forschung. Allerdings haben sich diese Systeme bis heute nicht in einem industriellen Umfeld durchsetzen können. Wesentliches Hemmnis seitens der Industrie sind die hohen Investitionskosten [BREC14b]. Dennoch wurden in den vergangenen Jahren einige vielversprechende aktive Zusatzsysteme für Werkzeugmaschinen entwickelt und teilweise auch kommerziell vertrieben [MICR15]. In [NEUG07] aber auch [BREC13b] findet sich ein guter Überblick verschiedener aktiver Systeme der vergangenen Jahre. Darüber hinaus bietet die Zusammenfassung der Ergebnisse aus dem Schwerpunktprogramm (kurz: SPP) 1156 „Adaptronik für Werkzeugmaschinen“ der Deutschen Forschungsgemeinschaft (kurz: DFG) in [HESS11] eine Darstellung jüngerer Forschungsergebnisse auf dem Gebiet der aktiven Zusatzsysteme.

Aktive Systeme entfalten ihr volles Potenzial bei konzeptbedingten dynamischen Schwachstellen von Werkzeugmaschinen, bei welchen der Bauraum begrenzt und daher eine Versteifung durch zusätzliche konstruktive Maßnahmen (z. B. Wandstärkenvergrößerung oder Querschnittsänderung) oder der Einsatz passiv wirkender Zusatzsysteme nicht möglich ist. Typische Aktoren aktiver Systeme (etwa piezoelektrische, hydraulische oder elektrodynamische Aktoren [NEUG07; BCC 11; PREU11; BREC12d; BREC13f]) haben eine hohe Leistungsdichte [ISER07]. Da auch die Sensorik nur wenige Kubikmillimeter groß ist und die nötigen Verstärker, Filter und Regler typischerweise außerhalb der Werkzeugmaschine platziert werden können, liefern aktive Systeme auf vergleichsweise kleinem Raum große Dämpfungskräfte.

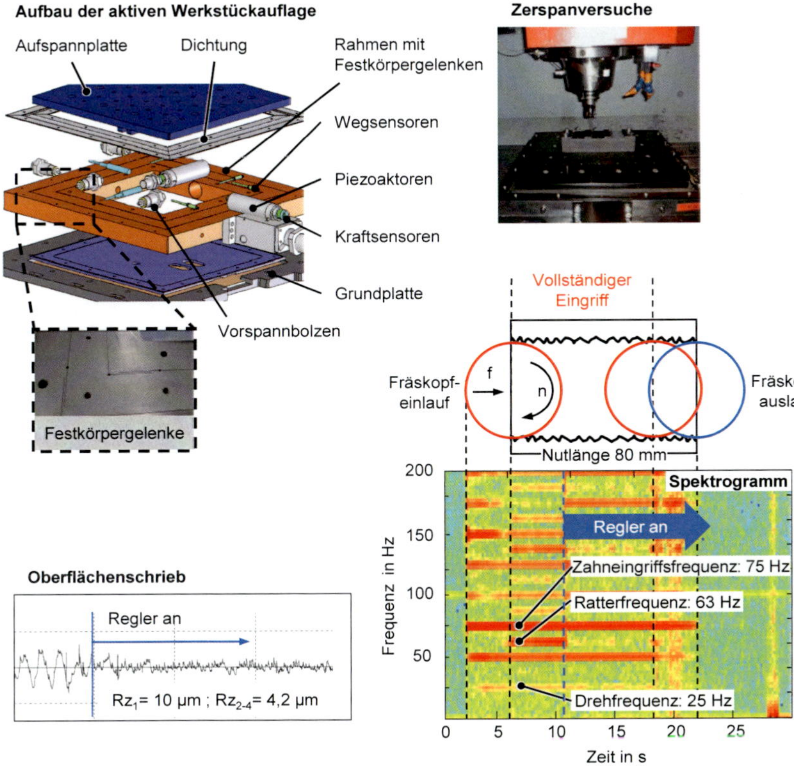

Bild 2-11: Aktive Werkstückauflage nach [MANO12]

Active Workpiece Holder

Typische Einsatzorte aktiver Systeme sind daher schlanke, auskragende Komponenten, etwa im Z-Schieber von Portalmaschinen [SCHU07; BREC08; ABEL10b; MANO12; BAUR13] oder Bohrwerken [MUÑO13], aber auch in Tiefbohrwerkzeugen [BREC07a; BREC07b; SCHA10; LU14; MATS14]. Auch sind zahlreiche Ansätze in der Literatur beschrieben, bei denen werkstückseitig eine Schwingungsdämpfung bzw. eine kontrollierte Positionierung des Werkstückes während der Bearbeitung durchgeführt wird [RASH06; ZHAN05; ABEL08; MANO12].

So wird in [MANO12] eine aktive Werkstückauflage für Werkstücke bis 25 kg entwickelt. Bild 2-11 zeigt den prinzipiellen Aufbau der zwei zusätzlichen redundanten Achsen, welche über Piezostapelaktoren hochdynamisch (je nach Werkstückgewicht bis zu 100 Hz) das Werkstück während der Bearbeitung positionieren können. Die Führung der Achsen wird über erodierte Festkörpergelenke realisiert, welche nur in der Vorschubrichtung eine sehr niedrige Steifigkeit aufweisen und daher über die elastische Verformung eine gerichtete Bewegung zulassen. Im direkten Kraftfluss der Piezoaktoren befinden sich Kraftsensoren, sodass die Aktoren statisch vorgespannt werden und so im zulässigen Druckbereich arbeiten können. Die statische Vorspannkraft wird dabei über Vorspannbolzen und Tellerfedern realisiert. Optische Wegsensoren liefern die aktuelle Position der Vorschubachse und werden als Regelgröße bei diesem Regelungskonzept betrachtet. Die Führungsgröße ergibt sich aus einem Lageschätzer der relativen Verlagerung zwischen Maschinenspindel und -tisch. Somit bietet die aktive Werkstückauflage die Möglichkeit, relative Verlagerungen zwischen Spindel und Tisch messtechnisch zu erfassen und über die zusätzlichen Achsen auszuregeln. Die in [MANO12] vorgestellten Nutenfräsversuche an einem mittleren Bearbeitungszentrum mit vertikaler Spindel zeigen, dass die Ratterfrequenz bei 63 Hz erfolgreich unterdrückt werden konnte (Bild 2-11 unten rechts). Die Rauheit der gefrästen Oberfläche und insbesondere die Welligkeiten auf dem Werkstück konnten so reduziert werden (Bild 2-11 unten links).

2.3 Passive Zusatzsysteme

Passive Dynamic Auxiliary Systems

2.3.1 Überblick passiver Zusatzsysteme

Overview of Passive Dynamic Auxiliary Systems

Wie schon in Kapitel 2.2.3 beschrieben, entwickeln passive Zusatzsysteme ihre dämpfende Wirkung durch Dissipation der vorhandenen Schwingungsenergie. Die Schwingungsenergie kann über verschiedene Mechanismen dissipiert werden. In der VDI-Richtlinie 3833 werden die Werkstoff-, Festkörperreibungs-, Flüssigkeitsreibungs-, Wirbelstrom-, elektrorheologische und magnetorheologische Dämpfung unterschieden und darauf hingewiesen, dass hierbei in den meisten Fällen die Schwingungsenergie in Wärme umgewandelt wird [VERE09]. Zur definierten Auslegung passiver Zusatzsysteme ist ein geeignetes Modell des vorliegenden Dämpfungseffekts notwendig. Die bei passiven Zusatzsystemen technisch relevanten Dämpfungseffekte können in der Regel über das Modell der viskosen, hysteretischen (auch als strukturelle Dämpfung bekannt [FEY15]) oder Coulombschen Reibung [DRES07; WITT07] beschrieben werden (vgl. Bild 2-12).

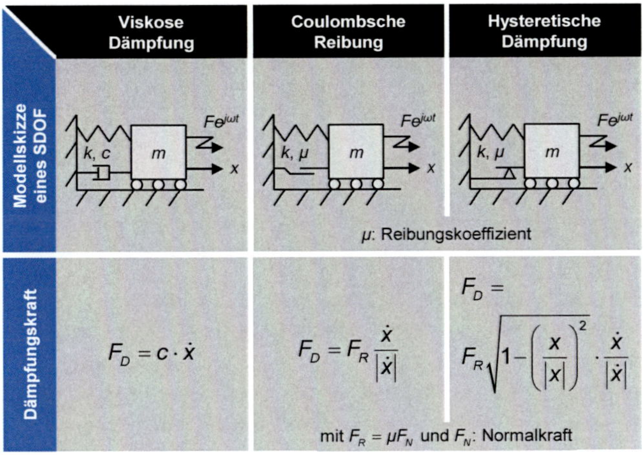

Bild 2-12: Dämpfungskraftmodelle nach [DRES07]
Damping Force Models

Abgesehen von den verschiedenen Dämpfungseffekten, welche für passive Zusatzsysteme ausgenutzt werden können, werden die Systeme auch nach ihrer Wirkungsweise unterschieden (Bild 2-13).

Ein Sonderfall stellt hierbei der Partikeldämpfer (eng.: impact, granular oder particle damper) dar. Hier wirken keine definierten Koppelelemente zwischen dem Grundsystem und der Hilfsmasse. Vielmehr werden die durch das Grundsystem ausgeführten periodischen Schwingungen durch in der Regel lose gelagerte *i* Hilfsmassen gestört. Die mathematische Beschreibung derartiger Systeme gestaltet sich jedoch aufgrund des ausgeprägten nichtlinearen Verhaltens als äußerst schwierig. Zur Vereinfachung werden in aktuellen Forschungsarbeiten Versuche in der angenäherten Schwerelosigkeit (z. B. während eines Parabelfluges oder gar im Weltraum) durchgeführt [BANN11]. Schlussendlich kann jedoch festgehalten werden, dass ein effizienter Betrieb eines solchen Dämpfers nur dann möglich ist, wenn die mittlere kinetische Energie des Dämpfers größer ist als seine potenzielle Energie. Eine Anwendung von Partikeldämpfern auf Werkzeugmaschinen wird in [WECK06a] erwähnt. Hier wird das Belassen von Kernsand in Gestellbauteilen infolge der auftretenden Trockenreibung der Sandpartikel als dämpfungserhöhend beschrieben. In [SIMS05] wird in rein experimentellen Untersuchungen ein Partikeldämpfer an ein Werkstück angeflanscht, um Ratterschwingungen durch die aperiodische Störung infolge der Stoßimpulse des Dämpfers zu vermeiden. Die vielversprechenden Ergebnisse lassen den Schluss zu, dass der Einsatz von Partikeldämpfern durchaus auch im Werkzeugmaschinenbereich möglich ist, sofern die zusätzliche Trägheit aufgrund der Partikelmasse zulässig ist. Allerdings fehlen bis heute noch hinreichende Modelle, um die Einflüsse von Partikelanzahl, -masse, -geometrie, Mischung und viele weitere wichtige Randbedingungen zu beschreiben, sodass eine gezielte Auslegung bisher nur rein empirisch erfolgen kann.

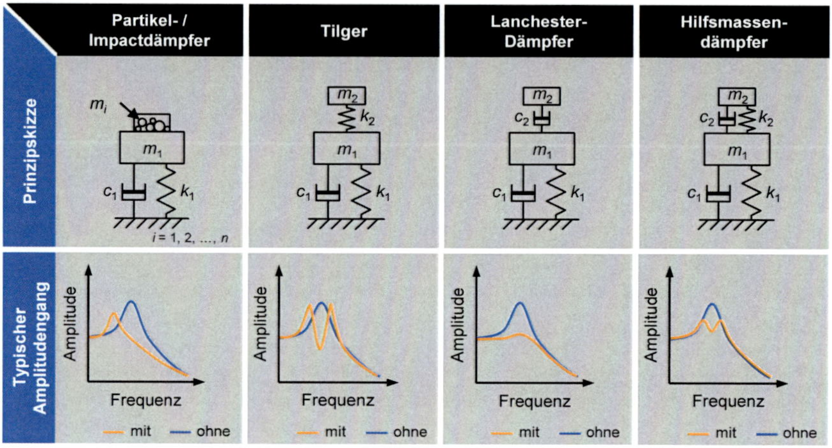

Bild 2-13: Passive Zusatzsysteme nach ihrer Wirkungsweise nach [WECK06c]
Passive Auxiliary Systems Sorted by their Mechanism

Die anderen drei in Bild 2-13 dargestellten Zusatzsysteme – Tilger, Lanchester-Dämpfer und Hilfsmassendämpfer – machen sich stets die Eigenschaften der Koppelelemente (k_2 und c_2) zwischen dem Grundsystem und dem Zusatzsystem zunutze. Hierbei spielt es in erster Linie keine Rolle, durch welchen physikalischen Effekt (etwa viskose Flüssigkeitsdämpfung oder Festkörperreibung) beispielsweise die Dämpfung in einem Lanchester-Dämpfer erzeugt wird. Vielmehr wird unterschieden, welche Ausprägungen die Eigenschaften des Koppelelementes zueinander haben. Während bei einem Tilger die Dämpfung des Koppelelementes gegen Null geht, ist dies bei dem Lanchester-Dämpfer für die Steifigkeit der Fall. Der Hilfsmassendämpfer nutzt die optimale Auslegung beider Eigenschaften zur Reduktion beispielsweise der Schwingungsamplitude des Grundsystems. Als für Werkzeugmaschinen technisch relevant werden lediglich die Hilfsmassendämpfer gesehen [WECK06a], weshalb im Folgenden insbesondere auf deren Auslegung eingegangen werden soll. Häufig können die Verhaltensweisen von Tilger und Lanchester-Dämpfer aus den für den Hilfsmassendämpfer gültigen Gleichungen abgeleitet werden.

2.3.2 Auslegung von Hilfsmassendämpfern

Design of Tuned Mass Dampers

Das erste Patent auf einen Hilfsmassendämpfer ist auf [FRAH11] zurückzuführen. Allerdings fehlte zu diesem Zeitpunkt noch jegliche Möglichkeit, die Dämpfungswirkung des entwickelten Zusatzsystems zu beschreiben. Die Auslegung erfolgte rein empirisch. In [ORMO28] wurde zum ersten Mal die analytische Auslegung eines Tilgers hergeleitet. Durch den Zusatz in [BROC46] war es anschließend möglich, auch Hilfsmassendämpfer (kurz: HMD) auszulegen. In der ersten Auflage des Buches [DEN 85] von 1934 werden diese grundlegenden Gleichungen zusammenfassend dargestellt und eine Reihe von Beispielen für die Reduktion von Schwingungen in Maschinen und Anlagen genannt. Auf diesen Gleichungen fußt eine Vielzahl der heutigen Auslegungsansätze und dient noch immer als wesentlicher Benchmark neuartiger Methoden. Diese Methoden können im Wesentlichen nach den Eigenschaften des auszulegenden Systems (mit oder ohne Dämpfung), den Eigenschaften des Hilfsmassendämpfers (linear oder nichtlinear, SDOF-HMD oder MDOF-HMD), der Zielgröße (Amplitude, Realteil, kinetische Energie, etc.) und der Auslegungsmethode (algebraisch, numerisch oder empirisch) unterschieden werden.

Üblicherweise wird ein lineares Verhalten der Koppelelemente angestrebt, um die Komplexität bei der Auslegung gering zu halten. Allerdings bieten nichtlineare HMDs die Möglichkeit, auf wiederholbare Änderungen der Grundsystemeigenschaften zu reagieren, sodass der HMD potenziell robuster ausgelegt werden kann. Analytische Auslegungsansätze für nichtlineare Systeme finden sich in [HUNT82; KOJI83; NISS85; RICE87; ASAM03; HIJM07], während in [RICE86b; RICE86a; JORD88; HIJM07; ALEX09; VIGU10; SARA15] numerische und in [EARL74; CUVA02] empirische Ansätze zur Auslegung nichtlinearer HMD entwickelt und diskutiert werden. Eine ähnlich komplexe Auslegung verlangen MDOF-HMDs, insbesondere wenn die Anzahl der Freiheitsgrade ansteigt. Auch diese Art HMD hat zum Ziel, das Verhalten von HMDs gegenüber Änderungen der Grundsystemeigenschaften robuster zu machen. Die Auslegung solcher MDOF-HMDs erfolgt typischerweise numerisch, da insbesondere bei zunehmenden Freiheitsgraden die Komplexität analytisch nicht mehr greifbar wird [ZUO04; LI06; FEBB08; OK09; FEBB12; YANG12]. Der Einsatz von MDOF-HMDs in Werkzeugmaschinen ist bisher in den Arbeiten [YANG10; BREC13g; MUÑO13; BREC15a; YANG15] umgesetzt und untersucht worden.

Bezüglich der linearen SDOF-HMDs können ebenfalls analytische, numerische und empirische Ansätze unterschieden werden. Numerische Ansätze zur Minimierung der Resonanzüberhöhung finden sich in [JORD88; SEME92; PENN98; MORE10; MEGA10; KEFU10; BROW11] sowie zur Minimierung des absoluten Betrages des negativen Realteils des komplexen Nachgiebigkeitsfrequenzganges des Grundsystems in [LIU91]. Zudem werden hinsichtlich des Realteils in [POLA67] und [TOND75] empirische Ansätze diskutiert. Übersichten und Vergleiche zu weiteren Ansätzen finden sich in [ASAM02; ASAM03; ZILL12].

Die Vielzahl all dieser Ansätze übersteigt deutlich den Raum für mögliche Diskussionen in dieser Arbeit, sodass hier nur zwei analytische Ansätze hervorgehoben werden sollen, welche für Werkzeugmaschinen technisch relevant sind, also eine gewisse Industrietauglichkeit besitzen und welche einen wichtigen Bezug zu dieser Arbeit haben.

In Bild 2-14 sind die grundsätzlichen Zielfunktionen der zwei angesprochenen Ansätze 1. H_∞-Optimierung und 2. Stabilitätsmaximierung sowie die darin abgeleiteten optimalen Parameter für den Hilfsmassendämpfer dargestellt. Für beide Ansätze wird die Dämpfung im Grundsystem c_1 vernachlässigt, was für Werkzeugmaschinen mit einem Dämpfungsmaß unter 10% [WECK06c] zulässig ist (vgl. Kapitel 2.1).

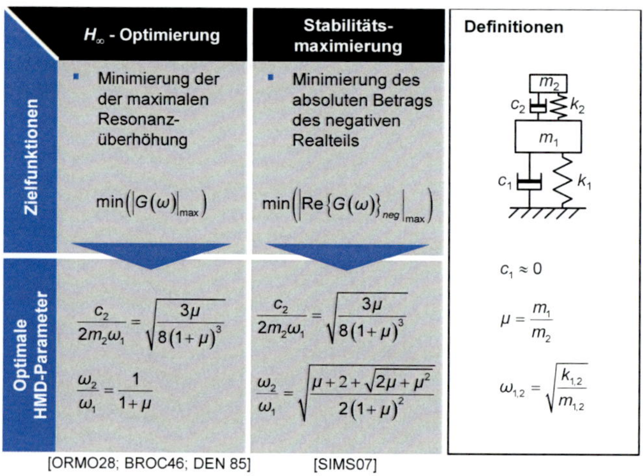

Bild 2-14: Auslegungsansätze lin. HMDs nach [ORMO28; BROC46; DEN 85; SIMS07]
Analytic Equations for Linear Tuned Mass Dampers

Wie aus Bild 2-14 ersichtlich, liefern die beiden Ansätze lediglich zwei Gleichungen für drei Unbekannte (m_2, k_2 und c_2). Die dynamischen Eigenschaften des Grundsystems (m_1, k_1 und c_1) können z. B. aus messtechnischen Untersuchungen oder Simulationen bestimmt werden. In [WECK06a] wird daher für die H_∞-Optimierung vorgeschlagen, eine zusätzliche Gleichung

$$m_2 = \frac{2m_1}{V_{zul}^2 - 1} \tag{2.23}$$

einzuführen, mittels der die nötige Hilfsmasse bestimmt werden kann, sodass eine definierte zulässige Resonanzüberhöhung V_{zul} (entspricht dem Verhältnis zwischen der absolut zulässigen Überhöhung und der statischen Nachgiebigkeit) nicht überschritten wird. Ein analoges Vorgehen bietet sich für die Stabilitätsmaximierung an.

2.3.3 Beispiele aus der Praxis

Use Cases

HMDs werden in der industriellen Praxis im Werkzeugmaschinenbereich nur selten erwähnt. Man kann sagen, dass HMDs ein Image des „Feuerlöschers" haben und deren Einsatz deshalb nur ungern kommuniziert wird. Bei einer Befragung von Werkzeugmaschinenherstellern konnte jedoch festgestellt werden, dass bei 30% der Befragten passive Hilfsmassendämpfer schon zum Einsatz gekommen sind [BREC14b]. Demnach ist, wenngleich nicht offen kommuniziert, die Notwendigkeit von Hilfsmassendämpfern und eine effiziente Auslegungsmethode unbestritten.

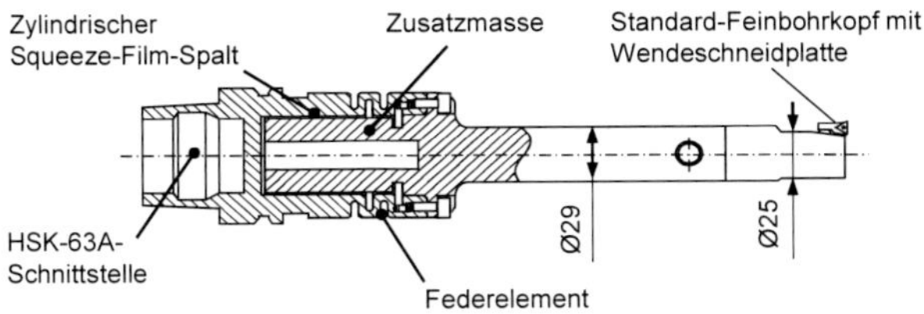

Bild 2-15: Gedämpfte Werkzeugaufnahme nach [KREL04]
Damped Tool Holder

In [KREL04] wird eine dämpfend wirkende Werkzeugaufnahme entwickelt, gefertigt und ihr Einsatz in Versuchen getestet. Zur Erzeugung von Dämpfungskräften wird ein Flüssigkeitsreibungsdämpfer eingesetzt, welcher nach dem Squeeze-Film-Effekt arbeitet. Im Gegensatz zum Scherflüssigkeitsdämpfer wird beim Squeezefilmdämpfer (auch als Quetschöldämpfer bekannt) ein sich zwischen zwei planparallelen Platten befindliches Dämpfungsmedium bei normaler Annäherung der Platten, das Medium verdrängt. Die entstehende Dämpfungskraft ist hier von der Plattengeometrie, der Spalthöhe, der Viskosität des Mediums und der Relativgeschwindigkeit der beiden Platten zueinander abhängig. Der resultierende Dämpfungskoeffizient kann sowohl für den Fall der Platten als auch für konzentrische Zylinderflächen hergeleitet werden [WECK06a]. Die Federelemente der Werkzeugaufnahme, welche die Steifigkeit definieren, wurden in [KREL04] mit Hilfe der FEM ausgelegt. So ergeben sich abschließend meanderförmige Festkörpergelenke, welche der Funktion des Schwanenhalsprinzips in Kapitel 2.2.3 gleich kommen. Bild 2-15 zeigt den Aufbau der Werkzeugaufnahme, welche für einen Hohlschaftkegel 63A (kurz: HSK 63A) konzipiert wurde. Nachteilig bei dieser Aufnahme ist die begrenzte Steifigkeit infolge des notwendigen Schwanenhalses, welche bei statischen Prozesslasten zu Positionsabweichungen führen kann. In [KREL04] wird daher vorgeschlagen, geometrische Abweichungen steuerungsseitig zu kompensieren.

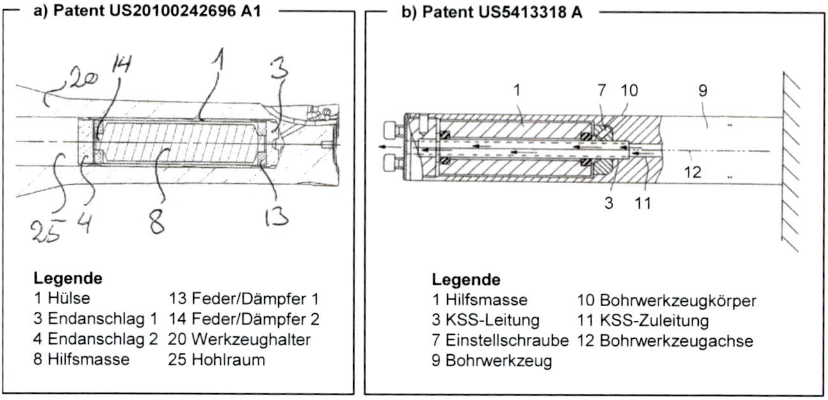

Bild 2-16: Hilfsmassendämpfer in Werkzeugen nach a) [ANDR93] und b) [DIGE06]

Tuned Mass Dampers in Tools

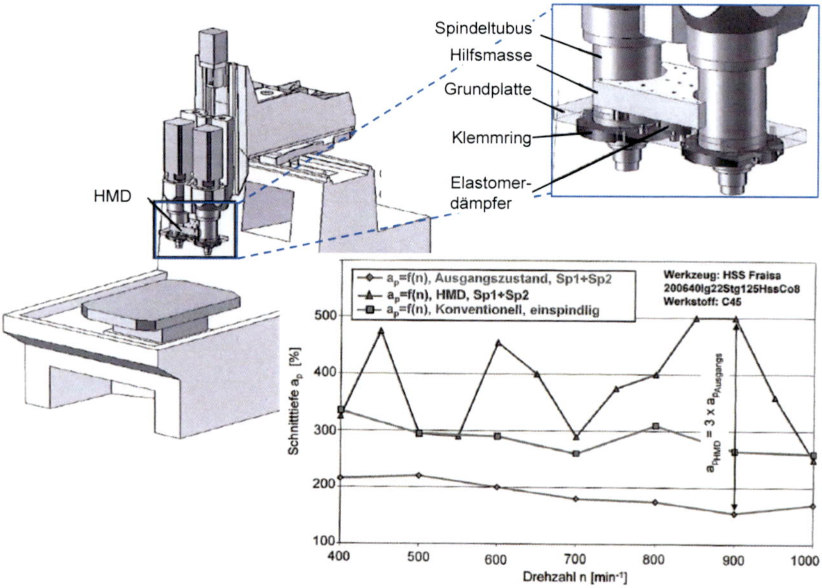

Bild 2-17: Hilfsmassendämpfer in einem doppelspindligen Fräszentrum nach [TROF15]

Tuned Mass Damper in a Milling Machine with two Spindles

Die Patente [ANDR93] und [DIGE06] weisen ebenfalls auf einen passiven HMD in Werkzeugaufnahmen hin (vgl. Bild 2-16), welche heute z. B. bei der schwedischen Aktiengesellschaft Sandvik unter dem Markennamen „Silent Tools“ bezogen werden können [SAND15]. Diese Systeme haben den Vorteil, dass der HMD im Nebenkraftfluss liegt, sodass der Werkzeughalter selbst statisch nicht geschwächt wird. Andere Hersteller, wie die Firma Seco Tools GmbH oder Big Kaisers Precision Tooling Ltd., bieten ähnliche Systeme an.

In [TROF15] wird neben anderen Optimierungsmaßnahmen von doppelspindligen Fräsprozessen auch der Einsatz eines Hilfsmassendämpfers diskutiert. In diesem Fall wird der Hilfsmassendämpfer relativ zwischen den beiden Spindeln des Doppelspindlers verbaut, um insbesondere gegenphasige Schwingungsformen dieser Komponenten zu bedämpfen. Durch den Einsatz des HMDs konnte die Grenzspanungstiefe in bestimmten Drehzahlbereichen um den Faktor 3 vergrößert werden (vgl. Bild 2-17).

2.4 Fazit

Conclusion

Werkzeugmaschinen können nach dem Stand der Technik als MDOF modelliert werden, dessen dynamische Eigenschaften sowohl durch die Strukturkomponenten der Maschine, als auch durch die eingesetzten Koppelelemente definiert sind. Dieses System mit endlicher Steifigkeit wird im Bearbeitungsprozess neben statischen Kräften auch durch dynamische Kräfte belastet. Die resultierenden Schwingungen am TCP der Maschine lassen sich in fremd- und selbsterregte Schwingungen unterteilen. Die so provozierte relative dynamische Verlagerung zwischen Werkzeug- und Werkstückseite führt unter Umständen zu nicht tolerablen Maßabweichungen der Bauteile, mangelnder Oberflächenqualität, erhöhtem Verschleiß oder gar Bruch der Werkzeuge und können die Maschine unzulässig belasten. Messtechnisch lassen sich derartige Schwingungen über Beschleunigungssensoren im Prozess nachweisen und nach fremd- oder selbsterregter Schwingungsart einordnen.

Je nach Art der Schwingung existieren verschiedene Maßnahmen zur Reduktion der Schwingungen. Konstruktive Optimierungsmaßnahmen der Maschinenstruktur bieten sich unter dem wirtschaftlichen Gesichtspunkt nur in der Konzeptphase der Werkzeugmaschine an. Im späteren Verlauf ist deren Umsetzung zeit- und kostenintensiv. Die Optimierung der Reglereinstellungen der Vorschubachsen ist zwar an der bestehenden Maschine möglich, jedoch ihr Erfolg deutlich von der Problemstellung abhängig. So können Schwingungsmoden nur über die Vorschubachsen kompensiert werden, wenn diese wesentliche Anteile in dem Freiheitsgrad der Vorschubachse haben. Weiterhin haben die Vorschubachsen aufgrund ihrer Trägheit eine stark begrenzte Bandbreite, sodass insbesondere kritische Moden im höherfrequenten Bereich nur mit geringem Erfolg beeinflusst werden können. Auch prozessseitige Maßnahmen lassen sich an der bestehenden Maschine umsetzen. Jedoch ist deren Wirksamkeit im Wesentlichen durch prozesstechnologische Randbedingungen eingeschränkt. So lassen die prozesstechnologischen Parameter, ausgelegt auf minimalen Verschleiß und maximale Produktivität, selten jene Änderungen von z. B. Schnittgeschwindigkeit oder Werkzeugwahl zu, welche aus Sicht beispielsweise der PMI optimal wären. Zudem gehen Änderungen der Prozessparameter stets auch mit einer Beeinflussung der Durchlaufzeit einher. Insbesondere in der Serienfertigung sind derartige Umstellungen aus Kostengründen häufig nicht umsetzbar. Semi-aktive und aktive Zusatzsysteme haben in vielfältigen Anwendungen ihre Wirksamkeit hinsichtlich einer Reduktion der Schwingungen im Bearbeitungsprozess, trotz gleich bleibender Maschinenstruktur und Prozessparameter, bewiesen. Allerdings sind diese Zusatzsysteme durch einen hohen Investitionsaufwand geprägt und haben sich im industriellen Umfeld bis dato noch nicht durchgesetzt. Passive Zusatzsysteme – allen voran der HMD – bieten eine deutlich einfachere und damit kostengünstigere Umsetzung. Diese Systeme werden schon heute in der Industrie als Lösung eingesetzt.

Zwischen 1911 und 2007 wurden HMDs vornehmlich für eine Reduktion von Schwingungsamplituden in Maschinen und Anlagen ausgelegt. Die grundlegende Gleichung für die analytische Auslegung wurde schon sehr früh entwickelt [ORMO28]. Bei dieser wird das schwingende System als SDOF modelliert und dieses mit einem HMD zu einem 2DOF erweitert. Da Maschinen und insbesondere auch Werkzeugmaschinen in der Regel ein sehr kleines Dämpfungsmaß besitzen, wird in diesen Ansätzen die Dämpfung des schwingenden Systems vernachlässigt. Auf Basis der resultierenden Bewegungsgleichung des 2DOF (vgl. Bild 2-14) wurde das optimale Frequenzverhältnis zwischen Eigenfrequenz des schwingenden Systems und des HMDs sowie die optimale Dämpfung hergeleitet. 2007 wurde dieser Ansatz auch auf selbsterregte Schwingungen, also auf eine Minimierung des absoluten Betrages des negativen Realteils des komplexen Nachgiebigkeitsfrequenzganges, übertragen [SIMS07]. Auch hier bildet die Modellierung des Gesamtsystems als 2DOF die Grundlage der entwickelten Gleichungen. Andere Auslegungsansätze befassen sich mit Spezialfällen, wie z. B. nichtlinearen Koppelelementen oder MDOF-HMDs.

3 Zielsetzung und Lösungsweg

Objectives and Approach

3.1 Problemstellung

Problem Definition

Schwingungen in Bearbeitungsprozessen lassen sich nicht vermeiden. Es muss allerdings das Ziel sein, die Schwingungen so zu reduzieren, dass die produzierten Bauteile ihre vorgesehenen Toleranzen einhalten. Dies gilt sowohl für fremderregte als auch für selbsterregte Schwingungen. HMDs haben sich für eine Reduktion der Schwingungsamplitude von Schwingungen als geeignetes Mittel erwiesen und werden teilweise schon heute industriell eingesetzt. Zur Auslegung eines solchen HMDs, welcher die Resonanzüberhöhung einer Maschine mit SDOF-Charakteristik reduzieren soll, führt die Gleichung

$$\omega_2 = \omega_1 \frac{1}{1+\mu} \tag{3.1}$$

zu der optimalen Eigenfrequenz ω_2 des HMDs und die Gleichung

$$c_2 = 2m_2\omega_1\sqrt{\frac{3\mu}{8(1+\mu)^3}} \tag{3.2}$$

zu dem optimalen Dämpfungskoeffizienten c_2 unter der Voraussetzung, dass die Eigenschaften in Masse m_1 und Steifigkeit k_1 der kritischen Maschineneigenform bekannt sind. μ entspricht hierbei dem Verhältnis m_2/m_1 [ORMO28; BROC46; DEN 85]. Legt nun der Ingenieur unter Berücksichtigung des messtechnisch ermittelten dynamischen Maschinenverhaltens eine maximal zulässige Resonanzüberhöhung V_{zul} fest, so kann aus der Gleichung

$$m_2 = \frac{2m_1}{V_{zul}^2 - 1} \tag{3.3}$$

die notwendige Hilfsmasse m_2 und anschließend mit der Gleichung (3.1) die Hilfssteifigkeit k_2 bestimmt werden [WECK06a].

Die grundlegende Modellierung der Werkzeugmaschine als SDOF führt zum ersten Schwachpunkt im aktuellen Stand der Technik. Die Auswertung von 25 Resonanzstellen verschiedener Werkzeugmaschinen (Fräs-, Dreh, Schleifmaschinen), welche prozesskritische Schwingungen hervorrufen, ergab, dass neun der untersuchten Resonanzstellen nicht ausreichend entkoppelt sind, um Sie als SDOF hinreichend zu beschreiben. Im Hinblick auf die analytische Methode zur Auslegung linearer HMDs, soll daher dieser Schwachpunkt wie folgt formuliert werden:

„Bei der Auslegung eines HMDs wird die Maschine als SDOF-System modelliert, was jedoch selten zulässig ist.“

Die dynamischen Eigenschaften oberhalb und unterhalb der kritischen Eigenform werden aktuell nicht berücksichtigt.

Zur analytischen Auslegung von linearen HMDs bei selbsterregter Schwingung wird in [SIMS07] auf Basis des gleichen Vorgehens in [DEN 85] die der Gleichung (3.1) entsprechende Gleichung

$$\omega_2 = \omega_1 \sqrt{\frac{\mu + 2 + \sqrt{2\mu + \mu^2}}{2(1+\mu)^2}} \tag{3.4}$$

für das optimale Frequenzverhältnis hergeleitet. Auch in diesem Fall wird das dynamische Verhalten unterhalb und oberhalb der kritischen Resonanzstelle nicht berücksichtigt. Dies führt zwangsläufig zu einem weiteren Schwachpunkt, welcher im Folgenden hergeleitet werden soll.

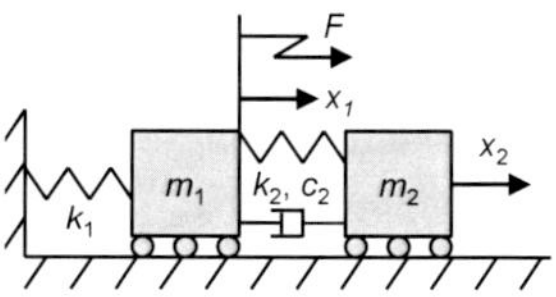

$$1)\ -m_1\ddot{x}_1 + c_2(\dot{x}_2 - \dot{x}_1) - k_1x_1 + k_2(x_2 - x_1) + F = 0$$

$$2)\ -m_2\ddot{x}_2 + c_2(\dot{x}_1 - \dot{x}_2) + k_2(x_1 - x_2) = 0$$

Bild 3-1: System mit zwei Freiheitsgraden (2DOF)
Two Degree of Freedom System

Der einheitslose Realteil des komplexen Nachgiebigkeitsfrequenzganges G' bei einer Anregung durch die Kraft F und Verlagerungsantwort vom Freiheitsgrad 1 x_1 des im linken Teil von Bild 3-1 dargestellten 2DOF ergibt sich nach Gleichung

$$\mathrm{Re}\left\{G'_{F,x_1}\right\} = \frac{(f^2 - g^2)\left[(1-g^2)(f^2-g^2) - \mu f^2 g^2\right] + (2\xi g)^2\left(1 - g^2\cdot(1+\mu)\right)}{\left[(1-g^2)(f^2-g^2) - \mu f^2 g^2\right]^2 + (2\xi g)^2\left(1-g^2\cdot(1+\mu)\right)^2} \tag{3.5}$$

Hierbei sind die einheitslosen Größen wie folgt definiert:

$$G'_{F,x_1} = G_{F,x_1}\cdot\frac{F(\omega=0)}{x_{stat}} = {x_1}/{x_{stat}} = G_{F,x_1}\cdot k_1 = G_{F,x_1}\cdot\omega_1^2\cdot m_1$$ spezifischer Nachgiebigkeitsfrequenzgang oder Vergrößerungsfunktion

$$\mu = {m_2}/{m_1}$$ Massenverhältnis

$$\omega_i = \sqrt{{k_i}/{m_i}} \text{ mit } i = 1 \text{ bzw. } 2$$ Eigenkreisfrequenz vom Teilsystem i

$$f = {\omega_2}/{\omega_1}$$ Eigenkreisfrequenzverhältnis

$g = \omega / \omega_1$ bezogene Kreisfrequenz

$\xi = c_2 / 2m_2\omega_1$ Dämpfungsverhältnis mit $2m_2\omega_1$ als die kritische Dämpfung

Dieser Realteil hat bei einem optimalen Frequenzverhältnis f_{opt} nach Gleichung (3.4) und einem optimalen Dämpfungsverhältnis c_{opt} nach Gleichung (3.2) zwei Minima nahe der bezogenen Kreisfrequenz g_A und g_N. Der bezogene Realteil bei g_A berechnet sich nach der Gleichung

$$\mathrm{Re}\left\{G'_{F,x_1}\left(g = g_A, f\right)\right\} = \frac{1+\mu-f^2\left(1+\mu\right)^2}{\mu} \tag{3.6}$$

Setzt man nun die nach dem optimalen Frequenzverhältnis $f_{opt} = \omega_2/\omega_1$ umgeformte Gleichung (3.4) in Gleichung (3.6) ein, ergibt sich der Realteil zu

$$\mathrm{Re}\left\{G'_{F,x_1}\left(g = g_A, f_{opt}\right)\right\} = \frac{1}{2} - \sqrt{\frac{1}{2\mu} + \frac{1}{4}} < 0 \;\forall\; \mu \in \mathbb{R} \tag{3.7}$$

welcher demnach für alle Massenverhältnisse stets kleiner Null bleibt (vgl. Bild 3-2).

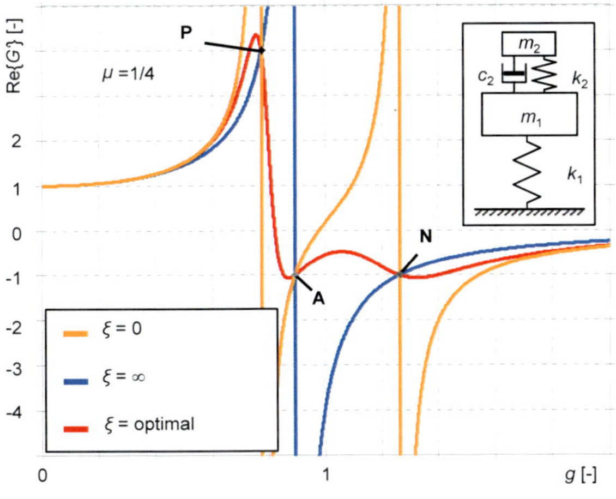

Bild 3-2: Verlauf des normierten Realteils bei unterschiedlicher Dämpfung nach [SIMS07]
Normalized Real Part under Different Damping Properties

Somit muss es nach dieser Methode das Ziel sein, die Hilfsmasse so groß wie möglich zu wählen, sodass der absolute Betrag des negativen Realteils minimiert wird. Diese Beweisführung zeigt, dass nach [SIMS07] keine Hilfsmasse gefunden werden kann, welche den absoluten Betrag des negativen Realteils auf Null anhebt und somit für einen stets stabilen Bearbeitungsversuch sorgt. So wird der zweite Schwachpunkt im aktuellen Stand der Technik wie folgt formuliert:

„Es existiert keine analytische Methode zur Auslegung von HMDs im Falle selbsterregter Schwingungen, damit der Bearbeitungsprozess stets stabil ist.“

Schlussendlich ergibt sich der dritte Schwachpunkt nach einem Überblick der gesamten Auslegungsmethoden passiver HMDs im Stand der Technik. Sämtliche in Kapitel 2.3.2 dargelegten Methoden beziehen sich lediglich auf die theoretische Formulierung optimaler HMD-Eigenschaften, sei es nach einem analytischen, numerischen oder empirischem Vorgehen. Keine der recherchierten Veröffentlichungen formuliert ein praxistaugliches und ganzheitliches Vorgehen zur Konzeptionierung, Auslegung und Umsetzung eines HMDs für Werkzeugmaschinen, obwohl HMDs seit Jahrzehnten empirisch ausgelegt werden. Es lässt sich keine Literaturquelle finden, welche konkret beschreibt, wie man im Rahmen einer HMD-Auslegung die notwendigen Eigenschaften der Werkzeugmaschine (Masse, Steifigkeit und Dämpfung) ermittelt oder wie ein optimaler Wirkort für den HMD gefunden werden kann. Der dritte Schwachpunkt wird daher wie folgt formuliert:

„Bisher wurde keine ganzheitliche, industrietaugliche und daher einfache Methode zur Entwicklung und dem Einsatz von HMDs niedergeschrieben.“

So ergibt es sich, dass insbesondere in den Kapiteln 4.2.1 bis 4.2.3 Teile aus dem Stand der Technik aufgegriffen und vertieft werden müssen, um die Methode vollständig zu beschreiben und auf die Besonderheiten bei der Auslegung von HMDs hinzuweisen.

3.2 Zielsetzung

Objectives

Anhand der in 3.1 formulierten Problemstellung und der konkreten Schwachpunkte im Stand der Technik ergeben sich so zwei Forschungshypothesen, welche die Zielsetzung dieser Arbeit definieren:

Hypothese I: Es gibt eine einfache ganzheitliche Methode, Hilfsmassendämpfer für fremd- <u>und</u> selbsterregte Schwingungen in Werkzeugmaschinen analytisch auszulegen.

Die wesentlichen Herausforderungen sind dabei:

1. Die Identifikation der problematischen Schwingungsart zur Wahl der richtigen Auslegungsmethode
2. Die Ermittlung der dynamischen Maschineneigenschaften bei der kritischen Eigenfrequenz
3. Die analytische Berechnung der Hilfsmassendämpfereigenschaften je nach Schwingungsart und Berücksichtigung des Maschinenverhaltens unter- und oberhalb der kritischen Eigenfrequenz.

Hypothese II: Im Falle selbsterregter Schwingungen im Bearbeitungsprozess gibt es genau eine optimale Hilfsmasse für einen Hilfsmassendämpfer, damit der Prozess stets stabil bleibt.

Die wesentlichen Herausforderungen sind dabei:

1. Eine hinreichende, jedoch einfache Modellierung (explizit soll im Sinne der Praxistauglichkeit auf eine umfängliche FEM verzichtet werden) des Maschinenverhaltens nahe der kritischen Resonanzstelle
2. Die analytische Herleitung der optimalen Hilfsmasse und Ableitung einer charakteristischen Formel.

3.3 Lösungsweg

Approach

Wie in diesem Kapitel dargestellt, ist es das Ziel dieser Arbeit, eine Methode zur einfachen analytischen Auslegung passiver HMDs für Werkzeugmaschinen zu entwickeln. Hierbei wird auf den beiden grundlegenden analytischen Ansätzen nach dem Stand der Technik (Kapitel 2.3.2) aufgebaut und die in Kapitel 3.1 beschrieben Schwachpunkte durch eine Modellierung der Werkzeugmaschine als Mehrmassenschwinger umgangen.

Die nachfolgenden Kapitel befassen sich demzufolge neben der eigentlichen Beschreibung der Methode (Kapitel 4.1) und den nötigen Voruntersuchungen (Kapitel 4.2) auch mit den theoretischen Herleitungen der für die Auslegung vorgeschlagenen Gleichungen (Kapitel 4.3 und 4.4) sowie deren Diskussion (Kapitel 4.5).

Kapitel 5 dient der Verifikation der entwickelten Methode anhand von zwei realen Fallbeispielen. Neben Nachgiebigkeitsfrequenzgängen belegen Fräsversuche die Tauglichkeit des Ansatzes. Bestandteil von Kapitel 5 ist ebenfalls die Vorstellung einer Software, welche im Rahmen der Arbeit zur einfachen Auslegung von HMDs entwickelt wurde.

Kapitel 6 fasst die Ergebnisse zusammen und liefert den Ausblick auf ein weiterführendes Vorgehen in diesem Forschungsfeld.

4 Methode zur Auslegung passiver Hilfsmassendämpfer für Werkzeugmaschinen

Method for Designing Tuned Mass Dampers for Machine Tools

Kapitel 4 widmet sich dem Beweis der in Kapitel 3 formulierten Hypothesen. Um das in den folgenden Unterkapiteln formulierte Vorgehen – insbesondere in den Kapiteln 4.3 und 4.4 – besser nachvollziehen zu können, soll ein einfaches analytisches Fallbeispiel das Kapitel 4 begleiten. An diesem Beispiel sollen die jeweiligen Beziehungen geprüft, veranschaulicht und diskutiert werden.

Fallbeispiel für Kapitel 4

Man stelle sich eine Werkzeugmaschine mit fünf dominanten Resonanzstellen vor. Oberhalb dieser Resonanzstellen sind keine dominanten Eigenmoden mehr vorhanden, sodass der komplexe Nachgiebigkeitsfrequenzgang für höhere Frequenzen gegen Null läuft. Um in diesem theorielastigen Kapitel nicht von messtechnischen Fehlern beeinflusst zu werden, soll anstelle eines gemessenen Nachgiebigkeitsfrequenzganges ein ideales System (Bild 4-1 oben) betrachtet werden. Die Eigenschaften des hier dargestellten Systems sind frei gewählt und basieren auf Erfahrungswerten welche sich aus einer Vielzahl messtechnischer Untersuchungen von Werkzeugmaschinen ergeben. Dieses ideale System besitzt insgesamt fünf Freiheitsgrade (Index i = 1 bis 5) – im Folgenden mit 5DOF-System für „5 Degrees Of Freedom System“ abgekürzt –, deren Eigenkreisfrequenzen $\omega_{0,i}$ über seine modalen Eigenschaften eingestellt wurden (vgl. Kasten oben rechts in Bild 4-1). Den zugehörigen komplexen Nachgiebigkeitsfrequenzgang (kurz: FRF für „Frequency-response Function“) zeigt der gelbe gestrichelte Graph im dargestellten Bode-Diagramm. Dieser FRF wurde nach der Gleichung

$$G_{F,x} = \frac{x}{F} = \sum_{i=1}^{5} \frac{1/k_i}{1 - \left(\omega/\omega_{0,i}\right)^2 + j2D_i\left(\omega/\omega_{0,i}\right)} \tag{4.1}$$

in Abhängigkeit der vorgegebenen Eigenschaften berechnet.

Um im späteren Verlauf auch die messtechnischen Einflüsse (z. B. Sensorrauschen) berücksichtigen zu können, wurde dem synthetischen 5DOF-System ein komplexer Vektor mit zufälligem Rauschen überlagert (blauer Graph in Bild 4-1). Neben dem Amplituden- und Phasengang zeigt das Bild noch den Realteil des FRFs, welcher mit Bezug auf den Regenerativeffekt (vgl. Kapitel 2.2.1) deutliche Anteile im negativen Bereich besitzt. Somit kann an diesem 5DOF-System sowohl der Fall der Fremderregung, als auch der einer Selbsterregung diskutiert werden. Auf die Darstellung des Imaginärteils wird aufgrund mangelnder Relevanz verzichtet.

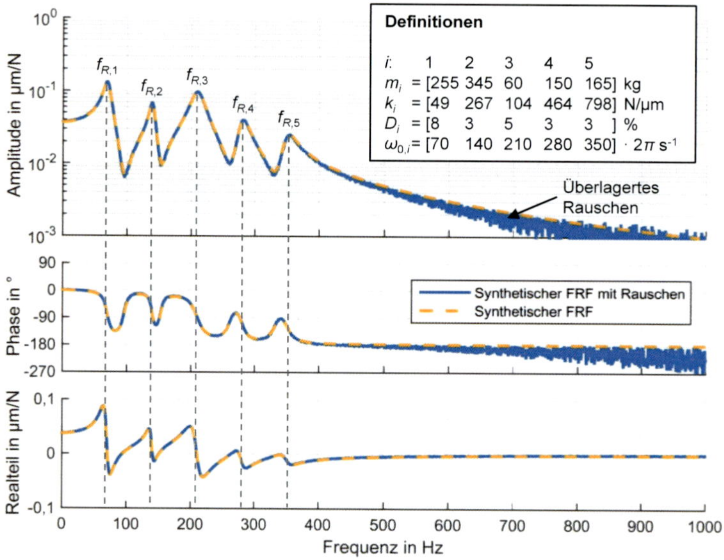

Bild 4-1: Synthetischer Frequenzgang mit fünf Freiheitsgraden (5DOF)
FRF of a Five Degree of Freedom System

4.1 Allgemeine Vorgehensweise bei der Entwicklung von HMD

General Approach for Designing Tuned Mass Dampers

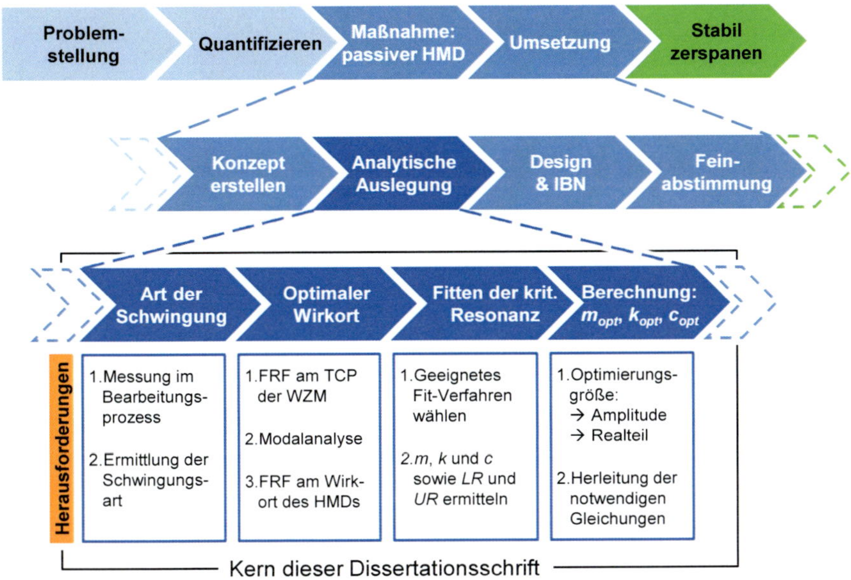

Bild 4-2: Vorgehen bei der Umsetzung von Hilfsmassendämpfern für WZM
Method for Designing Tuned Mass Dampers for Machine Tools

Bild 4-2 beschreibt den idealen Lösungsprozess zur Reduktion bzw. Vermeiden von unerwünschten Schwingungen während der spanenden Bearbeitung. Im Folgenden werden die einzelnen Prozessschritte einzeln erklärt.

Die erste Identifikation der Problemstellung „Schwingungen im Bearbeitungsprozess" geht in der Quantifizierungsphase häufig auf visuelle Merkmale am Bauteil (z. B. Rattermarkierungen) oder akustische Merkmale der Maschine im Betrieb (z. B ein „Brummen" der Maschine) zurück. Seltener sind schon in dieser Phase konkrete Messungen mit einem quantitativen Charakter vorhanden. Allerdings sind moderne Werkzeugmaschinen immer häufiger in der Lage, das aktuell vorherrschende Vibrationsniveau, z. B. über Sensoren an der Hauptspindel, auszuwerten und auch dem Bediener anzuzeigen [DMG 15]. Eine Studie aus dem Jahr 2013 ergab, dass über 50% der befragten Werkzeugmaschinenhersteller Schwingungen im Betrieb messtechnisch erfassen und für Optimierungsmaßnahmen nutzen [BREC14b]. Somit können sie Schwingungen schnell quantifiziert und bewertbar gemacht werden.

Nach dem heutigen Stand der Forschung werden für Werkzeugmaschinen zwei wesentliche Arten von unzulässigen Schwingungen im Bearbeitungsprozess unterschieden: fremderregte und selbsterregte Schwingungen (vgl. Kapitel 2.2.1). Während im Fall einer Fremderregung der Amplitudengang des dynamischen Nachgiebigkeitsverhalten maßgeblich für die Höhe der Verlagerungsamplitude ist (vgl. Gl. (4.2)), kommt im Falle der Selbsterregung zur Ermittlung der kritischen Spanungsbreite b_{krit} nur der Realteil des komplexen Nachgiebigkeitsfrequenzgangs der Werkzeugmaschinen zum Tragen (vgl. Gl. (4.3)).

$$\hat{F} \cdot \left| G(j\omega) \right| = \hat{x} \tag{4.2}$$

$$b_{krit} = \frac{1}{2k_{cb} \left| \mathrm{Re}\left\{ G_g(j\omega) \right\}_{neg} \right|_{\max}} \tag{4.3}$$

Welche Art der Schwingung vorliegt und daraus folgend welchen Ansatz zur Reduktion bzw. Vermeidung von Schwingungen man wählt, hängt angelehnt an Kapitel 2.2.3 maßgeblich von der ursprünglichen Problemstellung und insbesondere von der aktuell vorliegenden Planungsphase der Maschinenentwicklung ab (vgl. Bild 4-3). Die konkrete Problemstellung „Schwingungen während der Bearbeitung“ tritt in den meisten Fällen während der Inbetriebnahme (kurz IBN) oder im eigentlichen Betrieb der Maschine auf. Allerdings können auch schon in den vorherigen Entwicklungsphasen der Maschine Maßnahmen getroffen werden, um das dynamische Verhalten der Maschine zu optimieren.

Um einer dynamischen Schwachstelle einer Werkzeugmaschine zu begegnen, sollen in dieser Arbeit vier mögliche Lösungsansätze unterschieden werden: 1. konstruktive Optimierungen der Maschinenstruktur, 2. Optimierung der Regelparameter von Vorschubachsen, 3. prozessseitige Optimierungen und 4. dynamische Zusatzsysteme. Angelehnt an die sechs Planungsphasen nach [EVER11] und [EVER90], welche während der Entwicklung von Werkzeugmaschinen durchlaufen werden, können die Optimierungsmaßnahmen kategorisiert werden (vgl. Bild 4-3).

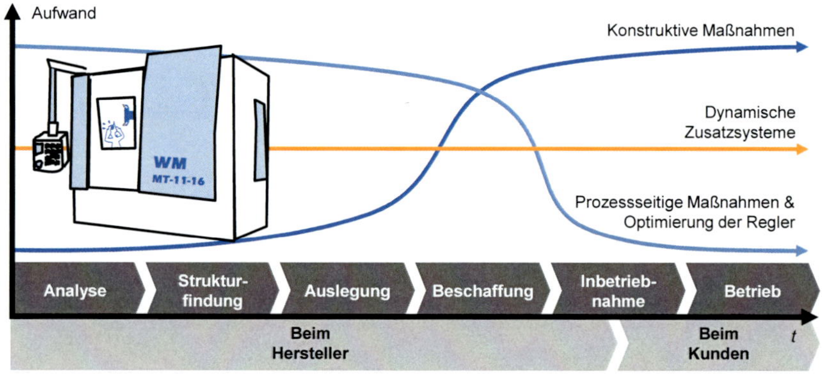

Bild 4-3: Kategorien der Optimierungsmaßnahmen der WZM und PMI

Optimization Measures for Machine Tools and Process-Machine-Interaction

Während konstruktive Maßnahmen in der sehr wichtigen Strukturfindungsphase und Auslegungsphase wirtschaftlich angewandt werden können, steigen die Kosten für eine konstruktive Umsetzung nach der Beschaffungsphase erheblich an. Eine umfangreiche konstruktive Änderung der Maschine kann in der Phase der Inbetriebnahme nur selten wirtschaftlich umgesetzt werden und stellt somit das letzte Mittel der Wahl dar. Optimierungen der Regler von Vorschubachsen bzw. des Bearbeitungsprozesses sind in den ersten Planungsphasen einer Werkzeugmaschine nur über virtuelle Modelle möglich. Diese Modelle verlangen insbesondere bei der Kleinserienfertigung, welche bei Werkzeugmaschinen üblich ist, einen hohen Zeitaufwand, welcher direkt vom gewünschten Detaillierungsgrad abhängig ist. So sind diese beiden Maßnahmen erst nach der Erstinbetriebnahme wirtschaftlich und zielgerichtet durchführbar.

Allein dynamische Zusatzsysteme können von der Strukturfindungsphase bis hin zur Betriebsphase mit einem gleich bleibenden Aufwand umgesetzt werden, wobei semiaktive und aktive Systeme naturgemäß deutlich aufwendiger in der Entwicklung und Umsetzung sind, als die vergleichsweise kostengünstigen passiven Systeme. Je nach Problemstellung und Planungsphase muss immer wieder abgewogen werden, welche Maßnahme wirtschaftlich und zielführend ist.

Sofern die Implementierung eines HMD in Frage kommt, muss das Grobkonzept des HMDs ausgelegt werden. Hierin enthalten ist die Findung des optimalen Wirkprinzips des HMDs. Angesichts der Definition eines HMDs nach VDI-Richtlinie 3833 besteht die hauptsächliche Aufgabe des HMDs darin, die Schwingungsenergie des zu bedämpfenden Systems zu dissipieren.

Für diese Aufgabe können generell sieben für Werkzeugmaschinen technisch sinnvolle Prinzipien unterschieden werden: Werkstoff-, Festkörperreibungs-, Flüssigkeitsreibungs-, Wirbelstrom-, elektrorheologische und magnetorheologische Dämpfung (vgl. Kapitel 2.3.1). Es ist die Aufgabe des Ingenieurs, das optimale Wirkprinzip für die konkrete Anwendung zu finden, wobei bei rein passiven Zusatzsystemen aufgrund der teilweise komplexen Umsetzung, Wirbelstrom-, elektro- und magnetrheologische Dämpfer kaum eine Anwendung finden. Zur Auswahl des optimalen Prinzips bietet es sich an, auf schon bestehenden Lösungen aufzubauen und diese als Vorbild zu nehmen. Die VDI-Richtlinie 3833 gibt einen guten Überblick und aktuelle Beispiele für die verschiedenen Dämpferarten [VERE06; VERE09]. Der konkrete Bezug zu Werkzeugmaschinen wird in [WECK06c] geschaffen und die theoretischen Ausführungen ebenfalls mit Beispielen unterlegt.

Ist das Grobkonzept festgelegt, folgt die analytische Auslegung des HMDs. In dieser Auslegungsphase müssen die optimalen HMD-Eigenschaften (m_{opt}, k_{opt} und c_{opt}) genau genug ermittelt werden, sodass diese im Anschluss eine detaillierte Feingestaltung des HMDs und anschließende erfolgreiche Inbetriebnahme (kurz: IBN) erlauben. Die Berechnung der idealen HMD-Eigenschaften hängt dabei von den vorab notwendigen Schritten ab: 1. Ermittlung der Schwingungsart, 2. Bestimmung des idealen HMD-Wirkortes und 3. Approximation der Maschineneigenschaften (vgl. Bild 4-2). Diese Schritte werden in den Kapiteln 4.2 bis 4.4 näher erläutert.

Für das Design des Hilfsmassendämpfers lassen sich ein paar einfache Regeln aus der Erfahrung definieren, wobei diese losgelöst von dem Dämpferprinzip formuliert werden sollen:

1. Gezielte Schwächungen der im Kraftfluss liegenden Bauteile vermeiden. Hier ist insbesondere auch das Schwanenhalsprinzip aus Kapitel 2.2.3 eingeschlossen, welches die Positioniergenauigkeit der Werkzeugmaschine reduziert. Eine steuerungstechnische Kompensation dieser Schwachstelle kann nur dann umgesetzt werden, wenn die tatsächliche Ist-Position des TCPs direkt messtechnisch zur Kompensation herangezogen werden kann. Andernfalls sind Positionierfehler unter statischer Last zu erwarten.
2. Die Implementierung eines dynamischen Zusatzsystems bewirkt immer eine Änderung des dynamischen Verhaltens der Werkzeugmaschine. Dies schließt auch die Montage von Montageplatten und –vorrichtungen ein, welche den Hilfsmassendämpfer an die Werkzeugmaschine koppeln. Diese teilweise nicht unerhebliche Änderung der schwingenden Masse muss bei der Auslegung berücksichtigt werden. Insofern muss unter Umständen eine iterative Schleife zwischen Auslegung und Designphase eingeplant werden.
3. Die eingesetzten Koppelelemente (bspw. Elastomerdämpfer) besitzen zwangsläufig eine endliche Fertigungstoleranz und erreichen daher nicht exakt die berechneten optimalen Eigenschaften. Somit ist in der Designphase darauf zu achten, dass das eingesetzte Koppelelement eine entsprechende Flexibilität ermöglicht, um während der IBN eine Feinabstimmung vornehmen zu können.

Alles Weitere ist dem Sachverstand des Ingenieurs überlassen.

4.2 Ermittlung von Systemeigenschaften vor der Auslegung eines HMDs

Identification of System Parameters before Designing the Tuned Mass Damper

Wie in Bild 4-2 zusammengefasst, müssen zusätzlich zu der Schwingungsart ein geeigneter Wirkort für den Hilfsmassendämpfer gefunden und die schwingungsrelevanten Eigenschaften (z. B. Eigenfrequenz, Dämpfung, etc.) des zu bedämpfenden Systems ermittelt werden. Wenn nicht schon in ausreichendem Umfang in der Quantifizierungsphase erfolgt, sind hierfür zusätzliche messtechnische Untersuchungen (Bearbeitungsversuche, FRFs und Modalanalyse) notwendig, was in diesem Kapitel 4.2 vertieft wird. Anschließend können dann die optimalen HMD-Eigenschaften je nach Schwingungsart analytisch ermittelt werden (Kapitel 4.3 bzw. 4.4).

4.2.1 Charakterisierung der Art der Schwingung

How to Identify the Type of Vibration

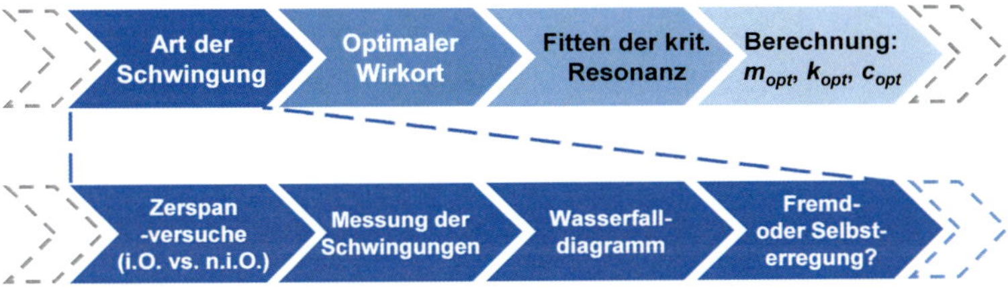

Bild 4-4: Vorgehen bei der Ermittlung der Art der Schwingung.
Approach for Identifying the Type of Vibration

Bevor ein HMD analytisch ausgelegt werden kann, muss die Art der unerwünschten Schwingungen charakterisiert werden, da sich die optimalen Parameter für einen HMD bei Selbst- und Fremderregung unterscheiden. Die hier eingesetzten Methoden können aus denen im Stand der Technik vorhandenen übernommen und für diese Aufgabe optimiert werden. In [BREC14a] werden Frequenzbereichs- und Zeitbereichsverfahren zur Auswertung der gemessenen Daten hinsichtlich selbsterregter Schwingungen verglichen. Wesentlicher Vorteil der Verfahren im Zeitbereich (z. B. nach Poincaré) ist eine frühzeitige Erkennung der regenerativen Schwingungen, weshalb sich diese Verfahren insbesondere zur In-Prozess-Überwachung eignen. Die Verfahren im Frequenzbereich weisen aufgrund ihrer einfachen Handhabung dagegen eine hohe Robustheit auf, weshalb diese Verfahren sich auch für die Auslegung von HMDs eignen.

Ein sehr einfaches Vorgehen zur Charakterisierung der Schwingungen beschreibt Bild 4-4. Hierbei werden die auftretenden Beschleunigungen in einem Zerspanversuch (z. B. Fräsen von Vollnuten) mit ausreichender Bauteilqualität (kurz: i. O. für in Ordnung) und einem mit unzureichender Qualität (kurz: n. i. O. für nicht in Ordnung) mittels eines Wasserfalldiagramms (Frequenzspektrum über der Bearbeitungszeit) verglichen. In der Regel kann dies schon die wesentlichen Informationen über die Prozessschwingungen liefern.

Die Messung der im Bearbeitungsprozess auftretenden Schwingungen – nicht zu verwechseln mit einer Betriebsschwingungsanalyse (kurz: OMA für Operational Modal Analysis) [HEYL98] – erfolgt üblicherweise mittels Beschleunigungssensoren nahe des TCPs. Einen typischen Messaufbau zeigt Bild 4-5. Zu sehen ist der Arbeitsraum einer Fräsmaschine mit vertikal angeordneter Spindel. Unmittelbar am Spindelgehäuse ist ein gekapselter Beschleunigungssensor befestigt. Ein zweiter Sensor ist auf der Werkstückseite nahe des TCP montiert. Die Sensoren werden (mit einem Winkelfehler kleiner 5° [AHLB92]) so ausgerichtet, dass die Beschleunigungen der jeweiligen Seite (Werkzeug- und Werkstückseite) in den drei Hauptkoordinatenrichtungen der Maschine (X, Y, Z) erfasst werden können. Über den Einsatz von zwei triaxialen Beschleunigungssensoren können schon an dieser Stelle Abschätzungen gemacht werden, welche Seite (Werkzeug oder Werkstück) und in welcher Richtung kritische Resonanzstellen auftreten, da dort die Schwingungsamplituden tendenziell höher sind.

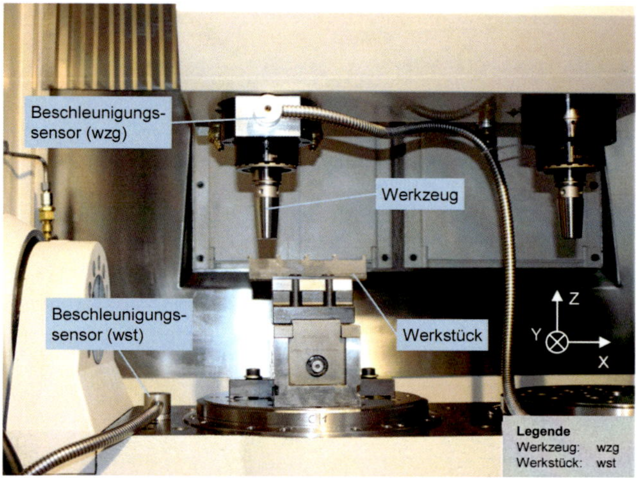

Bild 4-5: Messaufbau Bearbeitungsversuche
Measurement Setup for Cutting Tests

Die unterschiedlichen Eigenschaften einer fremd- und einer selbsterregten Schwingung, sowohl in der Zeit- als auch Frequenzdomäne, werden im Anschluss genutzt, um die Art der kritischen Schwingung zu identifizieren (vgl. auch Kapitel 2.2.1). Beide Fälle haben einen typischen Zeitverlauf des Beschleunigungssignals bei der spanenden Bearbeitung und können über ein Wasserfalldiagramm sichtbar gemacht werden. Dies soll anhand des 5DOF-Systems (von S. 44) exemplarisch erläutert werden.

Für dieses 5DOF-System und einen einfachen angenommenen Drehprozess (μ = 1 und k_{cb} = 1800 N/mm^2) kann der in Bild 4-6 dargestellte Stabilitätsrand ermittelt werden. Im Fall eines stabilen Drehprozesses (Arbeitspunkt 1, kurz: AP 1) ergibt sich bei einer erzwungenen Schwingung durch eine periodische Kraft mit 35 Hz Erregungsfrequenz f_{err} und 1 N Kraftamplitude die in Bild 4-6 unten rechts dargestellte Verlagerungsantwort (beispielsweise durch eine zweifache Integration des Beschleunigungssignals). Die Amplitude der Verlagerungsantwort folgt dabei der Gleichung (4.2) und ist somit direkt abhängig von der Höhe des Krafterregungssignals (hier: 1 N) sowie der Nachgiebigkeit des 5DOF-Systems bei der Erregerfrequenz ($|G_{5DOF}(\omega = 2\pi \cdot 35\ \text{Hz})| = 0{,}04413\ \mu\text{m/N}$). Andere Frequenzbänder werden durch diese ideale erzwungene Schwingung nicht erregt. Lediglich im Bereich des Ein- und

Auslaufes sind bei realen Messungen zusätzliche Beschleunigungsspitzen zu erwarten.

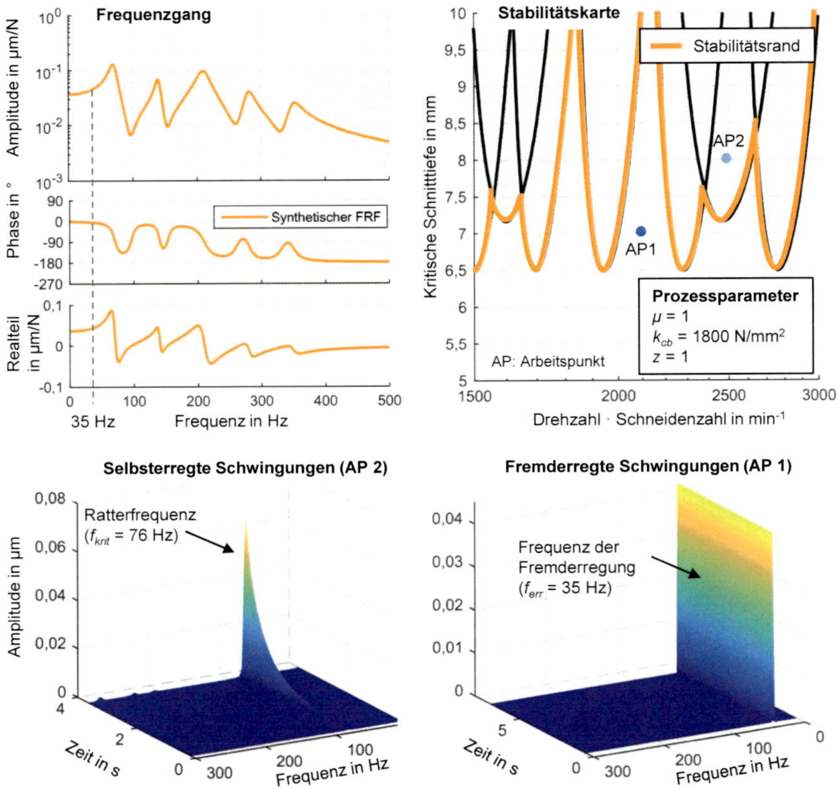

Bild 4-6: Vergleich der Zeitantworten bei Fremderregung und Selbsterregung
Comparison of Time-Responses under External and Self-excited Vibrations

Im Fall eines instabilen Drehprozesses (AP 2) ist nicht mehr die Fremderregung dominant. Vielmehr schwingt sich der Wirkkreis zwischen Prozess und Maschine auf und erzeugt den in Bild 4-6 unten links dargestellten typischen Verlauf eines instabilen Bearbeitungsprozesses infolge einer impulsförmigen Störung (hier: 1000 N) mit einer Ratterfrequenz f_{krit} von ca. 76 Hz. Die gemessene Schwingungsamplitude schnellt exponentiell nach oben und verursacht so innerhalb kürzester Zeit starke Vibrationen.

Insbesondere die Darstellung als Wasserfalldiagramm (Bild 4-6 unten) ermöglicht zum einen die klare Identifikation der dominanten Schwingungsfrequenzen, zum anderen eine Darstellung dieses klassischen Verlaufs der Amplitude über der Zeit. Somit kann in vielen Fällen schon mit Hilfe dieser einfachen Auswertung im Zeit- und parallel im Frequenzbereich eine Ratterschwingung verursacht durch Strukturnachgiebigkeiten, nachgewiesen bzw. die dominanten Fremderregungsfrequenzen erkannt werden.

Zwischen 2007 und 2015 wurden durch das Werkzeugmaschinenlabor WZL der RWTH Aachen 25 Maschinen (Dreh-, Fräs- und Schleifmaschinen) bzw. kritische Bearbeitungsprozesse mit der oben genannten Methode im Frequenzbereich auf fremd- oder selbsterregte Schwingung geprüft. Bei insgesamt 18 (über 70%) konnte eine selbsterregte Ursache festgestellt werden (vgl. Bild 4-7). Dies bestätigt die Ergebnisse in [BREC14b], wonach in der Industrie regeneratives Rattern von 60% der Befragten als Ursache für Schwingungen erkannt wurde und verdeutlicht somit den Bedarf für einen Auslegungsansatz von HMDs, welcher auf selbsterregte Schwingungen zugeschnitten ist.

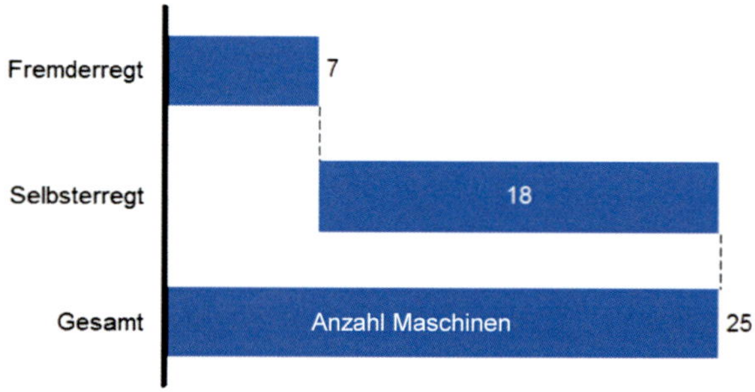

Bild 4-7: Ursachen für Schwingungen während der Bearbeitung
Causes of Vibrations during Cutting

4.2.2 Bestimmung des optimalen Wirkortes eines HMDs

How to Identity the Optimal Position for the Tuned Mass Damper

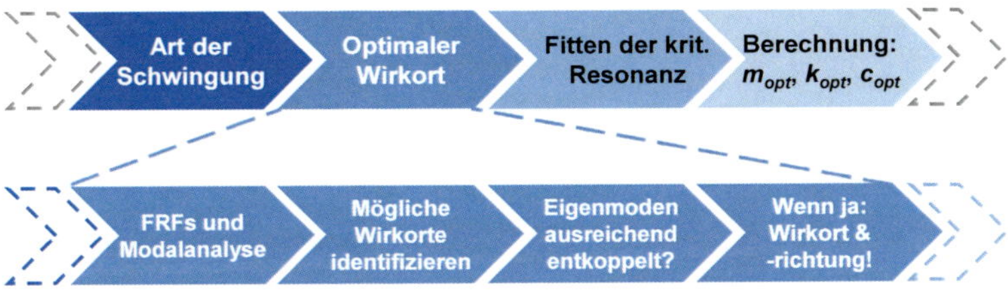

Bild 4-8: Vorgehen bei der Bestimmung des optimalen Wirkortes
Approach for Identifying the Optimal Position

Nachdem die kritische Schwingungsfrequenz im Bearbeitungsprozess und auch die Art dieser Schwingung charakterisiert worden ist, muss der optimale Wirkort für den HMD gefunden werden. FRFs am TCP, eine Modalanalyse und FRFs an den möglichen Wirkorten geben hierbei die nötigen Informationen, um verschiedene Wirkorte vergleichen und bewerten zu können.

FRFs und Modalanalyse

Im ersten Schritt ist die Messung der direkten FRFs am TCP durchzuführen, da das dynamische Verhalten des TCP die PMI definiert. Das dynamische Nachgiebigkeitsverhalten von Werkzeugmaschinen wurde schon in den 50er und 60er Jahren mit Hilfe von charakteristischen Frequenzgängen beschrieben und insbesondere zur Ermittlung der Stabilitätsgrenze für selbsterregte Schwingungen angewandt [SALJ52; HÖLK57; HOFF67]. Zur Bestimmung der frequenzabhängigen Nachgiebigkeit einer Werkzeugmaschine muss diese dynamisch erregt werden. Das Verhältnis aus der gemessenen fouriertransformierten Verlagerungsantwort am Messort sowie der dort aufgebrachten Erregerkraft ergibt dann den komplexen Nachgiebigkeitsfrequenzgang, der bei Werkzeugmaschinen üblicherweise in der Einheit µm/N angegeben wird (vgl. Kapitel 2.1.1).

Insbesondere die relativ zwischen Werkzeug- und Werkstückseite gemessenen direkten Nachgiebigkeitsfrequenzgänge in den Hauptkoordinaten der Werkzeugmaschine geben Aufschluss über die relevanten Resonanzstellen einer Maschine. Hierbei ist auf eine möglichst genaue Kollokation des Aktors und der Sensoren zu achten, um systematische Messfehler zu vermeiden. Einen klassischen Messaufbau bei der Ermittlung von direkten Nachgiebigkeitsfrequenzgängen zeigt Bild 4-9.

Als relativer Krafterreger kommen für Großwerkzeugmaschinen hydraulische Erreger zum Einsatz. Hervorzuheben ist hierbei die Arbeit von Rehling [REHL65], in welcher ein sehr leistungsfähiger elektrohydraulischer Relativerreger entwickelte wurde, der noch in heutigen Untersuchungen Anwendung findet. Eine Weiterentwicklung jenes

Aktors wurde in [BREC12d; BREC12b; BREC13f] beschrieben. Daneben können piezoelektrische Erreger für eine Anregung der Maschinenstruktur verwendet werden, um insbesondere auch höherfrequente Schwingungsmoden der Werkzeugmaschine erregen zu können [HANN08]. Da die eingesetzten Stapelaktoren lediglich 2‰ Hub ihrer Stapellänge erzeugen können, eignen sich insbesondere die kompakteren Aktoren (vgl. Aktor in Bild 4-9) nur für steife Werkzeugmaschinen.

Die resultierende Verlagerung infolge der Krafterregung kann über eine Vielzahl verschiedener Sensorprinzipien gemessen werden. In Bild 4-9 sind sowohl ein induktiver Wegsensor als auch zwei piezoelektrische Beschleunigungssensoren gezeigt. Durch die zeitparallele Messung der Verlagerung bzw. Beschleunigung über diese beiden Sensorprinzipien können sowohl niederfrequente als auch hochfrequente Schwingungen und somit der Nachgiebigkeitsfrequenzgang mit sehr guter Qualität erfasst werden.

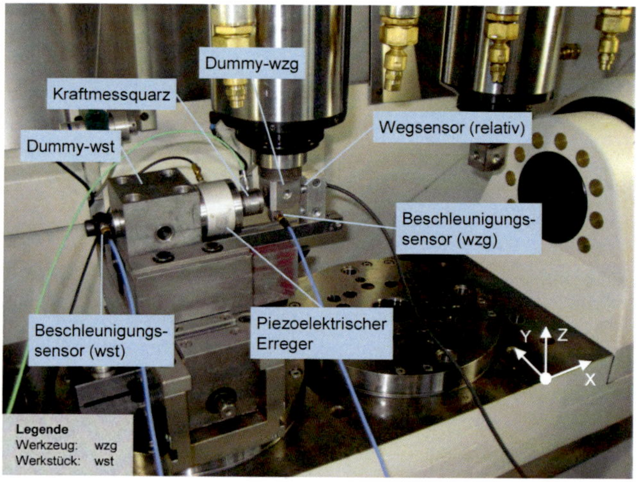

Bild 4-9: Messaufbau Nachgiebigkeitsfrequenzgänge

Measurement Setup for Frequency-response Functions

Die Neigung zur Instabilität einer spanenden Werkzeugmaschine lässt sich insbesondere am gerichteten Nachgiebigkeitsfrequenzgang relativ zwischen Werkzeug und Werkstück bestimmen [WECK06c]. In vielen Anwendungen kann jedoch der gerichtete Frequenzgang nur mit großem Aufwand oder überhaupt nicht direkt messtechnisch erfasst werden. Beispielsweise läuft der Richtungsvektor in einem Fräsprozess mit einem einschneidigen Werkzeug mit der Werkzeugdrehzahl um. Der am Kraftvektor ausgerichtete Frequenzgang müsste somit zeitdiskret immer neu aufgenommen werden und ebenfalls „umlaufen“. In derartigen Fällen kann der gerichtete Frequenzgang nur mit einem Analogmodell aus der räumlichen Frequenzgangmatrix und unter Kenntnis des zeitabhängigen Richtungsvektors berechnet werden. Häufig wird einfachheitshalber aber auch ein direkter Frequenzgang ermittelt und dieser zur Interpretation der Maschineneigenschaften unabhängig vom Bearbeitungsprozess herangezogen, was auch in diesem Fall valide ist.

Die kritische Resonanzstelle kann man am Frequenzgang – beispielsweise im Bode-Diagramm dargestellt – bestimmen. So ist etwa in Bild 4-6 oben links der Frequenzgang des 5DOF-Systems dargestellt. Im AP 2 des dargestellten einfachen Drehprozesses stellt sich eine Ratterfrequenz von 76 Hz ein. Demnach ist die erste Resonanzstelle bei 70 Hz jene, welche zur Instabilität in diesem Bearbeitungsversuch geführt hat. Soll nun für den AP 1 die Schwingungsamplitude im Bearbeitungsprozess reduziert werden, so muss das dynamische Verhalten bei der Fremderregungsfrequenz von 35 Hz optimiert werden. Auch in diesem Fall ist die erste Resonanzstelle jene, deren Amplitude reduziert werden muss.

Nach der Bestimmung der kritischen Resonanzstelle müssen mögliche Wirkorte identifiziert werden. Hierzu ist es zwingend erforderlich, die Schwingungsform der Resonanzstelle zu ermitteln. Die experimentelle Modalanalyse dient im praktischen Sinne der Identifikation und Darstellung einer der Resonanzstelle zugehörigen Schwingungsform. Eine kurze und insbesondere nicht-mathematische Erklärung der experimentellen Modalanalyse findet sich in [AVIT01] und soll an dieser Stelle für ergänzende Fragestellungen zur Durchführung der Modalanalyse empfohlen werden.

Im ersten Schritt erfolgt die Approximation der relevanten Maschinenkomponenten durch ein Messgitter, also mehrere diskrete Messpunkte. Die Auswahl und Anzahl der Messpunkte beeinflusst wesentlich die Aussagekraft der Modalanalyse [WECK06c]. Je nach Zielsetzung und Anwendungsgebiet nehmen die Anforderungen an die experimentelle Modalanalyse und insbesondere das Messgitter zu. In [GURA15] werden mögliche Zielsetzungen nach ihren Anforderungen sortiert. Insbesondere zur Schwachstellenanalyse müssen im Bereich der Schwachstellen selbst ausreichend Messpunkte vorhanden sein, um diese überhaupt erfassen zu können. Beispielsweise werden zur sicheren Identifikation der ersten Biegeeigenschwingungen eines Biegebalkens mindestens drei Messpunkte entlang der Balkenlänge benötigt. Typische Schwingungsformen und deren Bezeichnungen sind in [WECK06c] zusammengefasst und geben Hinweise über die notwendige Anzahl von Messpunkten. Die Erfahrung des Messtechnikers entscheidet hierbei im besonderen Maße über die Qualität der Geometrieapproximation [GURA15].

Im zweiten Schritt werden an den jeweiligen Messpunkten direkte Nachgiebigkeitsfrequenzgänge sowie Kreuznachgiebigkeitsfrequenzgänge gemessen. Die Krafterregung erfolgt dabei für alle Punkte mit einer räumlichen Orientierung und, wie für Werkzeugmaschinen üblich, einer ortsfesten relativen Erregung zwischen Werkstück- und Werkzeugseite am TCP. Zur Messung der Verlagerung der verschiedenen Messpunkte werden typischerweise die Signale von triaxialen Beschleunigungssensoren zweifach integriert. Man erhält für jeden Messpunkt i die voll besetzte

Nachgiebigkeitsmatrix für die Hauptkoordinatenrichtungen X, Y und Z. Da es bei der Identifikation von Strukturschwachstellen nicht auf quantitative sondern vielmehr auf qualitative Ergebnisse ankommt, kann der Fehler bei der Berechnung der Nachgiebigkeitsmatrix aus Gleichung (4.4) durch die räumliche, jedoch lediglich uniaxiale Kraftmessung vernachlässigt werden.

$$\underline{\underline{G}}_i = \begin{bmatrix} G_{xx} & G_{xy} & G_{xz} \\ G_{yx} & G_{yy} & G_{yz} \\ G_{zx} & G_{zy} & G_{zz} \end{bmatrix} \text{ mit } i = 1,2,3,... \tag{4.4}$$

Einen typischen Messaufbau für eine Modalanalyse bei Werkzeugmaschinen zeigt Bild 4-10. Neben dem herkömmlichen Einsatz piezoelektrischer Aufnehmer an den verschiedenen Messpunkten existieren auch optische Verfahren zur Messung der Strukturschwingungen. In [BAUR13] und [LOEH12] wird ein Laser-Doppler-Vibrometer für die Erfassung der Oberflächenschwingungen eingesetzt. Hierbei werden drei Laserstrahlen aus unterschiedlichen Richtungen auf einen Messpunkt fokussiert und aus den reflektierten Strahlen die Bewegung des Messpunktes rekonstruiert. Dieses Verfahren eignet sich insbesondere für großflächige, dünnwandige Bauteile, welche in Werkzeugmaschinen jedoch selten relevante Komponenten sind.

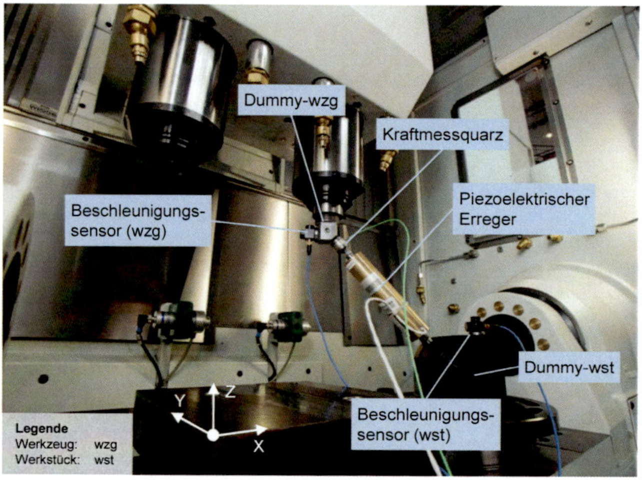

Bild 4-10: Messaufbau Modalanalyse

Measurement Setup for Modal Analysis

In [BREC13e; BREC14c; GURA15] wird ein weiteres laserbasiertes Verfahren zur Messung der Nachgiebigkeitsfrequenzgänge an den jeweiligen Messpunkten beschrieben. Das in diesen Arbeiten entwickelte Einstrahlverfahren nutzt in Strahlrichtung die Interferometrie, während lateral zur Strahlrichtung eine positionsempfindliche Diode die Bewegungen des Laserstrahls aufzeichnet. In diesem Verfahren sind, anders als beim Laser-Doppler-Vibrometer, Reflektoren nötig, welche den Laserstrahl an dem diskreten Messpunkt reflektieren und zur Auswertung für die Interferometereinheit und die Diode zur Verfügung stellen. In [GURA15] wurde gezeigt, dass mit diesem Verfahren unter praxisnahen Bedingungen eine Modalanalyse mit der gleichen Effizienz und mindestens gleicher Genauigkeit wie mit dem konventionellen Verfahren über Beschleunigungssensoren erreicht werden kann. Nachteilig ist allerdings die Notwendigkeit eines Sichtkorridors zwischen Messeinheit und Messpunkt. Schwer erreichbare Messpunkte (z. B. am Maschinenbett oder an verwinkelten Stellen) müssen daher nach wie vor über Beschleunigungssensoren gemessen werden.

Ermittlung des optimalen Wirkortes

Grundsätzlich gilt es, den HMD an dem Wirkort vorzusehen, an welchem die Amplituden der kritischen Schwingungsform am größten sind [WECK06a]. Somit ist gewährleistet, dass neben den verlagerungsproportionalen die meist geschwindigkeitsproportionalen Dämpfungscharaktere der verschiedenen HMD-Prinzipien (vgl. Kapitel 2.3) maximal ausgenutzt werden können. Allerdings ist diese Forderung allein nicht immer zu erfüllen, sodass ein Kompromiss zwischen

- der Amplitudenüberhöhung und dem Verhalten des FRF am Wirkort,
- dem Übertragungsverhalten zwischen Wirkort und TCP und
- dem konstruktiven Aufwand

gemacht werden muss, weshalb prinzipiell mehrere Wirkorte verglichen werden müssen. Während der konstruktive Aufwand von Fall zu Fall unterschiedlich ist und daher an dieser Stelle nicht näher beleuchtet werden soll, kann zur Ermittlung des optimalen Wirkortes bzgl. der Amplitudenüberhöhung und dem Übertragungsverhalten eine Vorgehensweise abgeleitet werden.

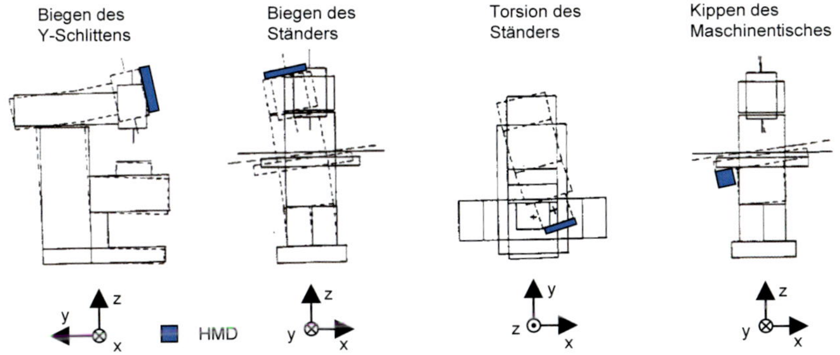

Bild 4-11: Mögliche Wirkorte bei verschiedenen Eigenformen
Possible Implementation Positions for Different Mode Shapes

Zur ersten Bewertung der möglichen Wirkorte unter dem Aspekt der maximalen Amplitude (vgl. Bild 4-11), können für einen quantitativen Vergleich FRFs herangezogen werden. Hierfür bieten sich mit dem Impulshammer gemessene Frequenzgänge an. Alternativ können auch die bereits während der Modalanalyse gemessenen Frequenzgänge an den verschiedenen Strukturpunkten für einen Vergleich untereinander herangezogen werden. Dies setzt voraus, dass während der Modalanalyse auch Messpunkte an den möglichen Wirkorten definiert worden sind. Bewertungsgrundlage für den Vergleich ist die Nachgiebigkeitsamplitude an den verschiedenen Wirkorten bei der kritischen Resonanzstelle. Je höher die Amplitude in dem kritischen Frequenzbereich, desto besser im Sinne der Energiedissipation.

Das dynamische Übertragungsverhalten zwischen TCP und Wirkort muss ebenfalls berücksichtigt und daher näher analysiert werden, da in ungünstigen Fällen der montierte HMD das dynamische Verhalten der Werkzeugmaschine zwar bzgl. der vorherigen kritischen Resonanzstelle optimieren, jedoch u. U. eine andere bisher noch nicht kritische Eigenmode verschlechtern und sogar destabilisieren kann. Um nicht aufwendige Berechnungen, angefangen von FEM-Analysen bis hin zu der sogenannten Substrukturkopplung [LAW13] durchführen zu müssen, wird an dieser Stelle vorgeschlagen, durch einen einfachen Vergleich der beiden Frequenzgänge (G_{TCP} und $G_{Wirkort}$) zu prüfen, ob neben der eigentlichen kritischen Eigenmode noch andere Eigenmoden am Wirkort dominant sind. Der ideale Wirkort weist ein SDOF-Verhalten auf, dessen Schwingungsform bzw. dessen Freiheitsgrad allein durch die kritische Schwingungsform der Gesamtmaschine geprägt ist. Dies ist dann der Fall, wenn der HMD hinsichtlich der nichtkritischen Schwingungsformen in einem Schwingungsknoten liegt. So ist gewährleistet, dass der montierte HMD nur diesen kritischen Freiheitsgrad beeinflusst.

Liegt innerhalb dieses Übertragungspfades ein stark frequenzabhängiges Verhalten nahe der eigentlichen kritischen Resonanzstelle vor, so ist der hier vorgestellte Ansatz nicht präzise genug, um das tatsächliche Verhalten des HMDs vorherzusagen. Sind die Realteile der beiden Frequenzgänge $G_{TCP,TCP}$ und $G_{Wirkort,Wirkort}$ im Bereich der kritischen Resonanz lediglich parallel verschoben, entspricht dies einem zusätzlichen, über der Frequenz konstanten Realteil. In diesem Fall kann dieser zusätzliche Realteil als einfacher Hebelsummand in der weiteren Auslegung berücksichtigt und so auf einfache Weise das Übertragungsverhalten zwischen Wirkort und TCP approximiert werden.

4.2.3 Parameteridentifikation des Grundsystems

How to Identify the Modal Parameters of the Initial System

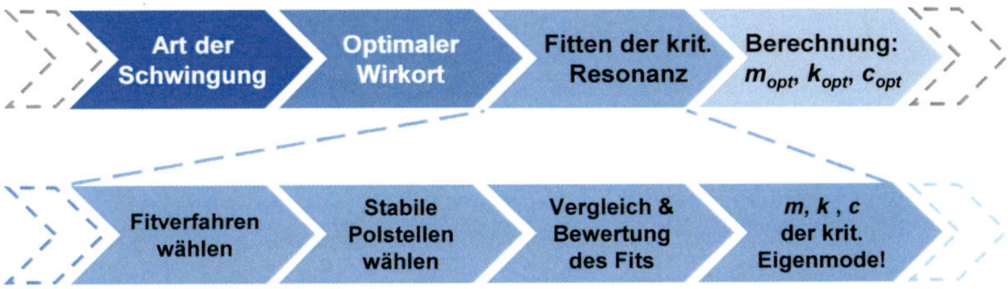

Bild 4-12: Vorgehen der Parameteridentifikation gemessener Frequenzgänge

Approach to Fit Measured Frequency-response Functions

Sobald der optimale Wirkort gefunden und das evtl. zu berücksichtigende Proportionalverhalten festgestellt worden ist, müssen die dynamischen Eigenschaften der kritischen Resonanzstelle am TCP ermittelt werden. Diese sind Grundvoraussetzung für die analytische Auslegung des HMDs.

Die Parameteridentifikation – auch „Curve-Fitting" genannt – dient der mathematischen Beschreibung gemessener Frequenzgänge. Die Vielzahl der in der Literatur beschriebenen Verfahren mit zum Teil sehr komplexen mathematischen Beziehungen führt dazu, dass viele Messtechniker keine Klarheit haben, welche Konsequenzen ihre Messmethodik und ihre spätere Wahl des Fitting-Verfahrens auf die Ergebnisse haben [ALLE98]. Auch diese Arbeit kann nicht die Gesamtheit der vorhandenen Curve-Fitting-Methoden berücksichtigen, sodass lediglich die für diese Arbeit relevanten Verfahren dargestellt und deren Vor- und Nachteile erläutert werden sollen. Bild 4-13 gibt einen Überblick, welche Verfahren in der klassischen Modalanalyse zum Einsatz kommen [MAIA97].

Schon in Kapitel 2.1.1 & 2.1.2 wurde gezeigt, dass viele mechanische Strukturen und insbesondere eine Werkzeugmaschine durch ein MDOF mit viskoser Dämpfung abgebildet werden können. Neben der Formulierung des dynamischen Nachgiebigkeitsverhalten im modalen Raum nach Gleichung (2.14) kann der Übertragungsfrequenzgang auch in der Partialbruchdarstellung (kurz: PFD für Partial-Fraction Description)

$$\begin{aligned} G(s) &= \frac{LR}{s^2} + \sum_{i=r+1}^{n} \frac{\vec{\Phi}_i \vec{\Phi}_i^T}{m_i (s - s_i)(s - \bar{s}_i)} + UR \\ &= \frac{LR}{s^2} + \sum_{i=r+1}^{n} \frac{R_i}{s - p_i} + \sum_{i=r+1}^{N_n} \frac{\bar{R}_i}{s - \bar{p}_i} + UR \end{aligned} \tag{4.5}$$

dargestellt werden. Hierbei sind *LR* und *UR* das untere bzw. obere Residuum, p_i und $\bar{p}_i$ die Polstelle bzw. komplex konjugierte Polstelle (eng.: poles) der Mode *i* (*n* ist die

Anzahl der betrachteten Moden) sowie R_i und $\bar{R}_i$ die Residualvektoren bzw. die komplex konjugierten Residualvektoren (eng.: residue vectors) der jeweiligen Polstelle. Die Residualmatrix wird durch zwei wesentliche Eigenschaften, nämlich den Eigenformvektor $\vec{\Phi}_i$ und den modalen Partizipationsfaktor L_i (eng.: modal participation factor) bzw. den modalen Skalierungsfaktor Q_i (eng.: modal scale factor) beschrieben.

$$R_i = Q_i \Phi_i \Phi_i^T = \Phi_i L_i^T \tag{4.6}$$

Der modale Partizipationsfaktor beschreibt dabei den Beitrag jeder einzelnen Mode *i* zur Gesamtverlagerung am jeweiligen Messort (bzw. Knoten in einer FEM-Analyse) [MAIA97].

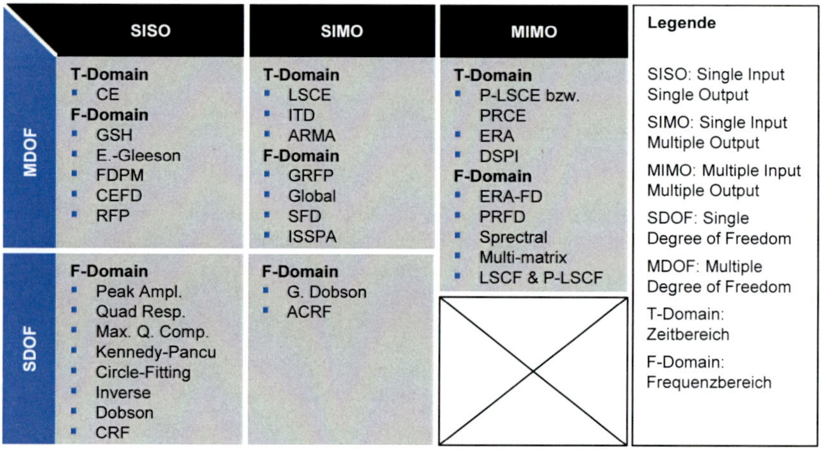

Bild 4-13: Überblick verschiedener Parameteridentifikations-Verfahren nach [MAIA97]
Overview of Different Methods for Modal Parameter Esimation

Insbesondere bei der Modalanalyse ermöglicht die PFD-Modellierung eine separierte Betrachtung der Eigenmoden, wodurch diese im Detail analysiert werden können. Abhängig vom gewählten Modell, der Anzahl von Sensoren und Aktoren und der Domäne, in welcher das Modell formuliert ist, existieren nun mehrere Möglichkeiten, Messdaten auf Basis des PFD-Modells zu „fitten“ (Bild 4-13).

All diese Verfahren haben zum Ziel, die Koeffizienten der Modelle so zu bestimmen, dass die ergebenden Funktionen die Messdaten optimal annähern. Hierbei ist die Qualität der Ergebnisse insbesondere von einem richtig gewählten Dämpfungsmodell abhängig. Bildet das gewählte Modell die realen Eigenschaften falsch ab, führt dies zu nicht vernachlässigbaren Fehlern und somit zu unbrauchbaren Ergebnissen [EWIN00]. Des Weiteren muss der Anwender der Parameteridentifikation unbedingt zwischen realen und rechnerischen Moden unterscheiden. Rechnerische Moden bilden nicht das Verhalten der vermessenen Struktur ab. Sie ergeben sich z. B. infolge von Messfehlern, welche dann von dem Fitting-Algorithmus als Mode interpretiert werden. Hier sind die verschiedenen Fit-Verfahren aus Bild 4-13 mehr oder weniger mächtig, zwischen realen und rechnerischen Moden zu unterscheiden. Es obliegt jedoch dem Anwender, die korrekten Moden zu identifizieren und somit dem Modell die Ordnungshöhe vorzugeben [EWIN00].

Die meisten SDOF-Verfahren sind für eine Approximation des dynamischen Verhaltens von Werkzeugmaschinen nicht anwendbar [WECK06c]. Bei Bedarf können jedoch weiterführende Informationen zu den jeweiligen Verfahren beispielsweise in [MAIA97; HEYL98] gefunden werden.

Im Bereich der MDOF-Verfahren ist die Least-Squares-Complex-Exponential-Methode (kurz: LSCE) ein Zeitbereichsverfahren, welches sich insbesondere für Modalanalysen von Werkzeugmaschinen etabliert hat. Die verschiedenen, jedoch mit einem ortsfesten Erreger gemessenen Frequenzgänge (kurz: SIMO für Single Input Multiple Output) werden jeweils über eine inverse Fast-Fourier-Transformation (kurz: FFT) in den Zeitbereich transformiert und dort die globalen Polstellen und deren Partizipationsfaktoren mit Hilfe einer Erweiterung der Methode von Prony [PRON95] berechnet. Bei dieser Methode wird die Tatsache ausgenutzt, dass in einem unterkritischem System die Nullstellen immer als komplex konjugiertes Paar auftreten und deshalb ein charakteristisches Polynom mit realen Koeffizienten existiert, mit welchem dann die Koeffizienten berechnet werden können [BROW79].

Die Polyreference-LSCE-Methode (kurz: P-LSCE oder PRCE) ist eine Erweiterung der LSCE-Methode auf eine Messung mit mehreren Erregern und Sensoren (kurz: MIMO für Multiple Input Multiple Output). Insgesamt ist die LSCE-Methode ein schnelles Verfahren, welches lediglich eine Abschätzung der zu erwartenden Anzahl von Moden für die Bildung des charakteristischen Polynoms benötigt. Die LSCE-Methode liefert auch für eine hohe Anzahl von Sensoren bzw. Messpunkte (500 und mehr) noch innerhalb einer vertretbaren Rechenzeit gute Ergebnisse [VERB02]. Allerdings konnte beobachtet werden, dass dieses Verfahren insbesondere auf Rauschen in den Messsignalen sensibel reagiert [VERB02; GUIL03]. Der Vollständigkeit halber sei noch erwähnt, dass das P-LSCE-Verfahren ab einer Anzahl von mehr als drei Eingängen keine guten Ergebnisse mehr liefert [VERB03].

Die Umsetzung der LSCE-Methode im Frequenzbereich ist die sogenannte Least-Squares-Complex-Frequency-Methode (kurz: LSCF) bekannt und in [VERB02] hergeleitet worden. Bei dieser Methode wird der Zusammenhang zwischen Eingang und Ausgang als gewöhnlicher Bruch formuliert, wobei Zähler und Nenner in Analogie zum LSCE-Algorithmus als charakteristisches Polynom formuliert werden. Über eine geschickte Formulierung eines Gleichungssystems können die Koeffizienten ermittelt werden.

Im Vergleich zur LSCE-Methode bietet der LSC- Ansatz einige Vorteile. Zum einen bietet die LSCF-Methode eine Möglichkeit, frequenzabhängige Gewichtungsfunktionen zu berücksichtigen, um beispielsweise die Genauigkeit in bestimmten Frequenzbändern zu erhöhen. Zum anderen liefert die LSCF-Methode sehr schnell stabile Pole. Sie ist daher sehr robust gegenüber Rauschen in den Messungen. Bild 4-14 zeigt zwei exemplarische Stabilitätsdiagramme für den gleichen Frequenzgang, jedoch einmal mit der LSCE- (oben) und einmal mit der LSCF-Methode (unten) berechnet. Über die Anwendung der LSCF-Methode hat der Nutzer ein klareres Diagramm und kann so schneller und insbesondere fehlerunanfälliger stabile Polstellen (häufig mit „s“ gekennzeichnet) bei der zugehörigen Ordnung auswählen [GUIL03].

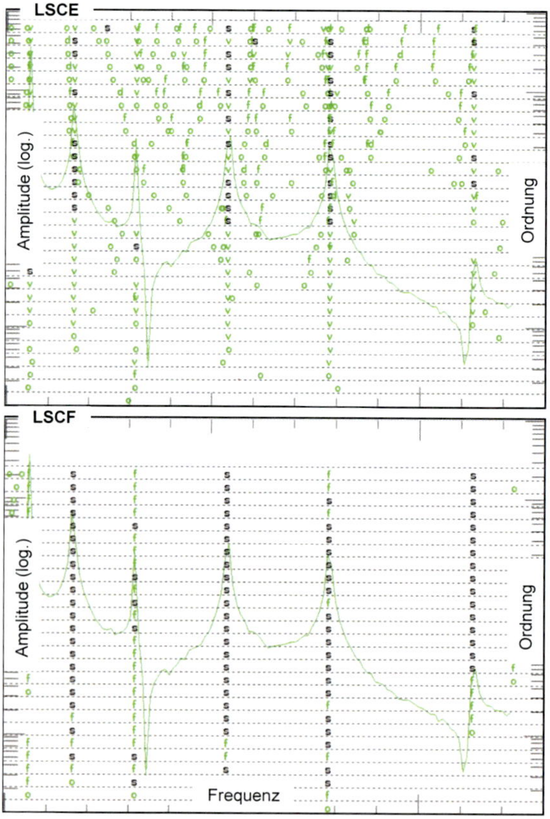

Erklärungen

- s: Polstelle ist stabil. Variation der Frequenz, Dämpfung und des Polstellenvektors innerhalb der Toleranz (±1%, ±5% und ±2%).
- v: Variation lediglich des Polstellenvektors innerhalb der Toleranz (±2%).
- d: Variation der Dämpfung und Frequenz innerhalb der Toleranz (±5% und ±1%).
- f: Variation lediglich der Frequenz innerhalb der Toleranz (±1%).
- o: Polstelle ist nicht stabil.

Bild 4-14: Vergleich der LSCE- und LSCF-Methoden nach [GUIL03]

Comparison of LSCE and LSCF

Für MIMO-Messungen wurde in [GUIL03] die LSCF-Methode zu einer Polyreference-LSCF-Methode (kurz: P-LSCF) erweitert. Insbesondere bei stark gekoppelten Moden kann die P-LSCF-Methode deutlich schneller bzw. klarer die stabilen physikalischen Polstellen identifizieren.

Sowohl die P-LSCE- als auch die P-LSCF-Methoden liefern somit im ersten Schritt die Polstellen p_i und zugehörigen Partizipationsfaktoren L_i. Zur Beschreibung des Systems nach Gleichung (4.5) fehlen somit noch die Eigenformen Φ_i sowie das untere und obere Residuum LR und UR. Diese werden in einem zweiten Schritt üblicherweise mit der Least-Squares-Frequency-Domain-Methode (kurz: LSFD) ermittelt [VERB02; GUIL03]. Sie beruht auf der Tatsache, dass Gleichung (4.5) bei bekanntem p_i und L_i ein bezüglich ihrer Parameter lineares Problem wird.

Der Fehler e_{no} zwischen den gemessenen Frequenzgängen G^x_{no} (mit n als Freiheitsgrad des Eingangs (eng.: input) und o als Freiheitsgrad des Ausgangs (eng.: output)) und dem PFD-Modell kann über die Methode der kleinsten Fehlerquadrate minimiert werden.

$$e_{no} = G^x_{no}(\omega) - G_{no}(j\omega, p_i, L_{io}, \Phi_{ni}, LR_{no}, UR_{no}) \tag{4.7}$$

Hierbei ist i der betrachtete Mode. Eine eingängige Beschreibung der LSFD-Methode findet sich in [HEYL98]. Aufgrund der dargestellten Vorteile der P-LSCF-Methode soll diese in Kombination mit der LSFD-Methode in dieser Arbeit angewandt werden. Neben anderem ist das Ergebnis der Parameteridentifikation über die P-LSFC-LSFD-Methode, wie aus Gleichung (4.7) deutlich wird, die kritische Polstelle p_i, die Eigenform Φ_i und die beiden Residuen LR und UR. Aus diesen nun bekannten Eigenschaften können, angelehnt an Gleichung (2.14), auch die modale Masse m_i, die Steifigkeit k_i und das Dämpfungsmaß D_i bestimmt werden.

Um die Güte des gefitteten FRFs bewerten zu können, bedarf es einer Methode, welche den gefitteten FRF mit dem gemessenen vergleicht. Für den modalen Abgleich von FEM mit einer experimentellen Modalanalyse wird üblicherweise das sogenannte Modal Assurance Criterion (kurz: MAC) angewandt. Der dabei berechnete Koeffizient ist ein Maß für die Korrelation der Eigenformen aus Simulation und Experiment [PAST12]. Davon ausgehend wurden eine Vielzahl unterschiedlicher Bewertungskriterien hergeleitet, deren Überblick in [ALLE02] dargestellt ist. Das in [ALLE02] erläuterte Frequency Response Assurance Criterion (kurz: FRAC)

$$FRAC(i,j) = \frac{\left|G^H_{ij,1} G_{ij,2}\right|^2}{G^H_{ij,1} G_{ij,1} \cdot G^H_{ij,2} G_{ij,2}} \tag{4.8}$$

vergleicht nun nicht ganze Eigenformen, sondern zwei FRFs $G_{ij,1}$ und $G_{ij,2}$ der Freiheitsgrade i und j. Der gesamte FRAC nimmt für Abweichungen der Eigenfrequenz einzelner Moden (z. B. gemessene versus simulierte Frequenzen) sehr schnell Werte gegen 0 an [FOTS02]. Auch dann, wenn diese eigentlich irrelevant für den Messtechniker und insbesondere für die Auslegung des HMDs sind. Somit ist dieser Kennwert ungeeignet für den hier entwickelten Ansatz. In [SILV12] wird der sogenannte Cross-Signature-Scale-Factor (kurz: CSF) beschrieben, welcher im Falle gleicher Amplituden zweier komplexen Übertragungsfunktionen $G_1 = a + ib$ und $G_2 = c + id$ den Wert 1 ergibt, andernfalls gegen 0 geht (vgl. Gleichung (4.9)).

$$CSF = \frac{2 \cdot \left|G_1^H \cdot G_2\right|}{G_1^H \cdot G_1 + G_2^H \cdot G_2} = \frac{2 \cdot \sqrt{(ac+bd)^2 + (ad-bc)^2}}{a^2+b^2+c^2+d^2} \tag{4.9}$$

Da neben den Unterschieden in der Amplitude auch die Unterschiede zwischen gemessenen und gefitteten Realteil interessieren, soll an dieser Stelle eine abgewandelte Version des CSF, nämlich der Cross-Signature-Scale-Factor of Real Components CSF_R vorgestellt werden:

$$CSF_R = \frac{2 \cdot \mathrm{Re}\left\{G_1^H \cdot G_2\right\}}{G_1^H \cdot G_1 + G_2^H \cdot G_2} = \frac{2 \cdot (ac+bd)}{a^2+b^2+c^2+d^2} \tag{4.10}$$

Im Gegensatz zum CSF kann der CSF_R Werte zwischen -1 und 1 annehmen. Da der Imaginärteil von strukturmechanischen Systemen (wie etwa einer WZM) stets negativ und somit gleichgerichtet ist, kann der Zähler in der Gleichung (4.10) nur dann negativ werden, wenn die Realteile a und c der beiden zu vergleichenden FRFs entgegengesetzte Vorzeichen annehmen.

Bild 4-15 oben zeigt den berechneten CSF bzw. CSF_R für verschieden große Realteile a und c der beiden komplexen Übertragungsfunktionen. Die Imaginärteile von G_1 und G_2 sind in diesem Beispiel konstant ($b = d = 1$) gehalten. Es wird deutlich, dass der CSF_R insbesondere bei ungleichen Vorzeichen der Realteile auf Null abfällt, während der CSF durch die Amplitudenbildung diesen Unterschied nicht berücksichtigt und somit eine ideale Gleichheit (CSF = 1) vortäuscht, obwohl der Fit mangelhaft war. Somit ergibt sich für den CSF_R eine hohe Sensibilität gegenüber Unterschieden zwischen den beiden Realteilen von G_1 und G_2. Exemplarisch soll die bessere Sensitivität des CSF_R durch ein Beispiel (a = 0,5 und c = 2 – Punkte in Bild 4-15 oben) verdeutlicht werden. Während für den CSF eine gute Übereinstimmung (80%) berechnet wurde, ergibt sich für den CSF_R lediglich ein Wert von 64%.

Ein etwas praxisnäheres Beispiel zeigt der untere Teil von Bild 4-15. Hier wurde der verrauschte 5DOF auf Seite 44 (Bild 4-1) mit Hilfe der P-LSFC Methode (Ordnung des Fits: 18, ohne unteres und oberes Residuum) gefittet. In diesem Fit haben sich die Polstellen bei 140 und 280 Hz noch nicht stabilisiert, sodass sowohl der CSF als auch der CSF_R rund um diese fehlenden Resonanzstellen auf ein Minimum abfallen. Allerdings ist für den CSF zu erkennen, dass er an den markierten Stellen (bei ca. 148 und 268 Hz) den Wert 1 annimmt. Der Grund hierfür sind die Schnittpunkte zwischen den Amplitudengängen des 5DOF und des gefitteten FRFs (vgl. auch Gleichung (4.9)). Der CSF_R zeigt auch in diesem Fall die schlechte Übereinstimmung sicher an.

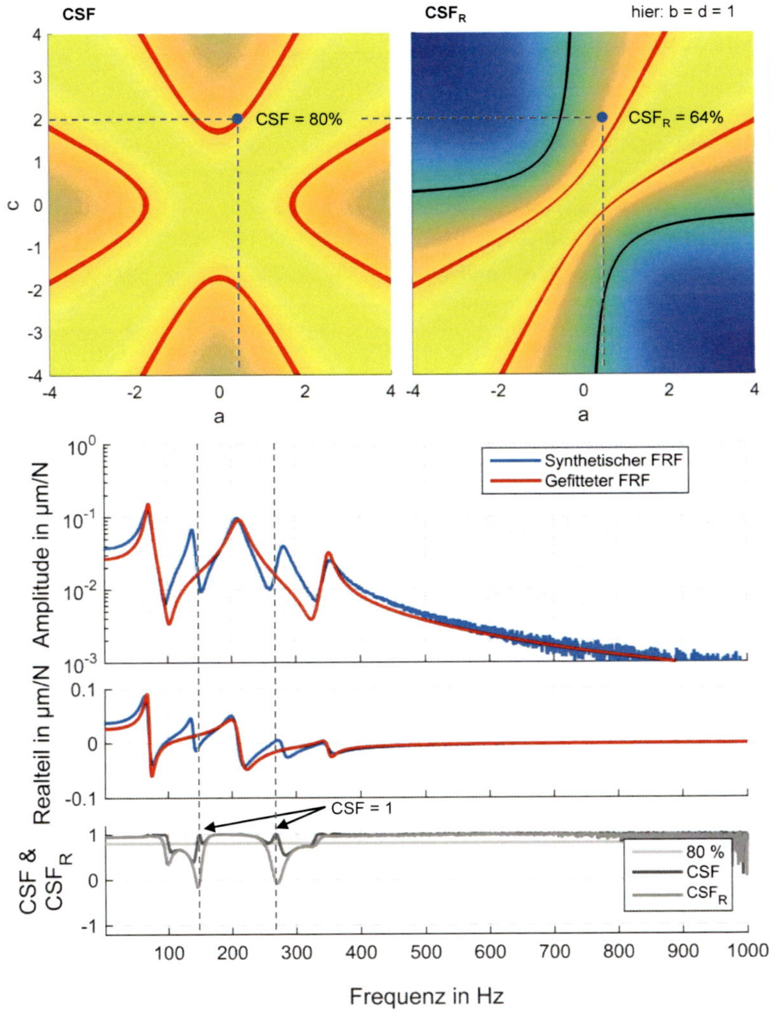

Bild 4-15: Vergleich des CSF und des CSF_R

Comparison of CSF and CSF_R

Mit Bezug auf die allgemeine Gleichung (4.5), in welcher der dynamische Nachgiebigkeitsfrequenzgang durch ein unteres und oberes Residuum flankiert wird, soll an dieser Stelle hinsichtlich Werkzeugmaschinen die Relevanz dieser Residuen geprüft werden. Bild 4-16 soll den Einfluss des unteren und oberen Residuums verdeutlichen, welche analog zu Kapitel 3.1 auf das statische Nachgiebigkeitsniveau bezogen wurden. Während das bezogene untere Residuum M_{LR} durch die umgekehrt quadratische Abhängigkeit von der bezogenen Kreisfrequenz g (vgl. Kapitel 3.1) den Realteil insbesondere für kleine g reduziert, bewirkt das bezogene obere Residuum K_{UR} eine rein proportionale Verschiebung des Realteils. Für einen Schwinger mit endlicher Anzahl von Eigenfrequenzen läuft der Realteil für eine größer werdende Frequenz gegen das bezogene obere Residuum K_{UR}, welches bei mechanischen Strukturen stets positiv semidefinit ist, da physikalisch keine negativen Amplituden auftreten können.

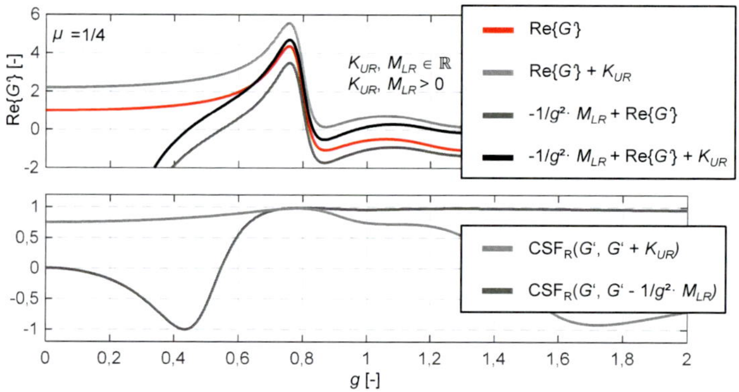

Bild 4-16: Einfluss des bezogenen unteren und oberen Residuums auf den Realteil des bezogenen komplexen Nachgiebigkeitsfrequenzgangs eines Zweimassenschwingers [BREC13c]

Influence of the Lower and Upper Residue on the Real Part of a 2DOF-System

Die Analyse der 18 messtechnischen Untersuchungen des dynamischen Verhaltens von Werkzeugmaschinen (vgl. Kapitel 4.2.1) mit einer Selbsterregung als kritische Schwingungsart hat ergeben, dass im Bearbeitungsprozess das untere Residuum in über 70% der Fälle vernachlässigt werden kann. Diese Vernachlässigung ist dann zulässig, wenn die kritische Resonanzstelle gerade die erste dominante Resonanzstelle der Werkzeugmaschine ist. Dieser Sachverhalt kann auch für eine fremderregte Schwingung beobachtet werden. Bild 4-17 zeigt die Analyse der Ergebnisse der messtechnischen Untersuchungen hinsichtlich einer möglichen Vernachlässigung der unteren Residuen bei Selbsterregung.

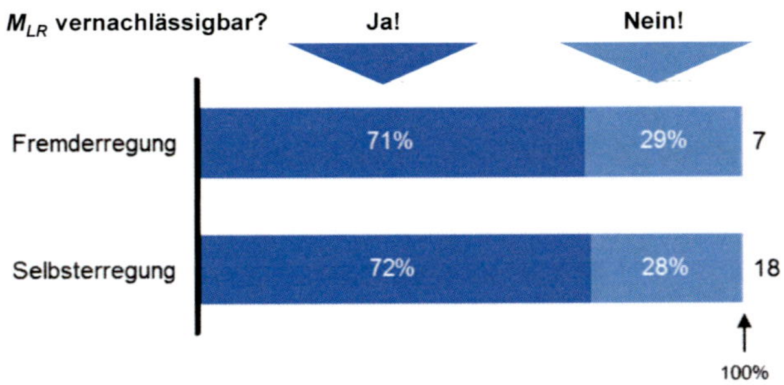

Bild 4-17: Wie häufig kann der Einfluss niedriger Eigenfrequenzen (das untere Residuum) vernachlässigt werden?

How Often Can We Neglect the Lower Residuum?

Somit wird argumentiert, dass für die analytische Auslegung in den folgenden Kapiteln die Maschine nur als MDOF mit oberem Residuum approximiert wird. Zwar gibt es, wie gezeigt werden kann, auch eine Lösung zur Berücksichtigung des unteren Residuums. Allerdings ist fraglich, ob die daraus resultierenden komplexen Gleichungen noch praxistauglich sind.

Fallbeispiel: 5DOF (siehe Seite 44)

Wie in Bild 4-6 zu erkennen, ist für beide Schwingungsarten (fremd- und selbsterregt) die erste Resonanzstelle des 5DOF als kritisch einzustufen. Unter der Annahme, dass der optimale Wirkort direkt am TCP der WZM angreifen kann und somit kein störendes Übertragungsverhalten oder eine unzulässige Kopplung mit anderen Moden vorliegt (dies wird vornehmlich in Kapitel 5 betrachtet und diskutiert), sollen mittels der P-LSCF-LSDF-Methode die modalen Eigenschaften der ersten Resonanzstelle identifiziert und das Verhalten oberhalb dieser Resonanzstelle in Form eines oberen Residuums approximiert werden. Bild 4-18 zeigt das Ergebnis der Parameteridentifikation des 5DOF im Bereich dieser kritischen Eigenfrequenz. Die Abweichung zu den explizit eingestellten Eigenschaften liegen unter 3%. Zudem wird deutlich, dass das Verhalten des 5DOF im Bereich oberhalb der Resonanzstelle nicht ausreichend durch einen SDOF (roter Graph) beschrieben werden kann.

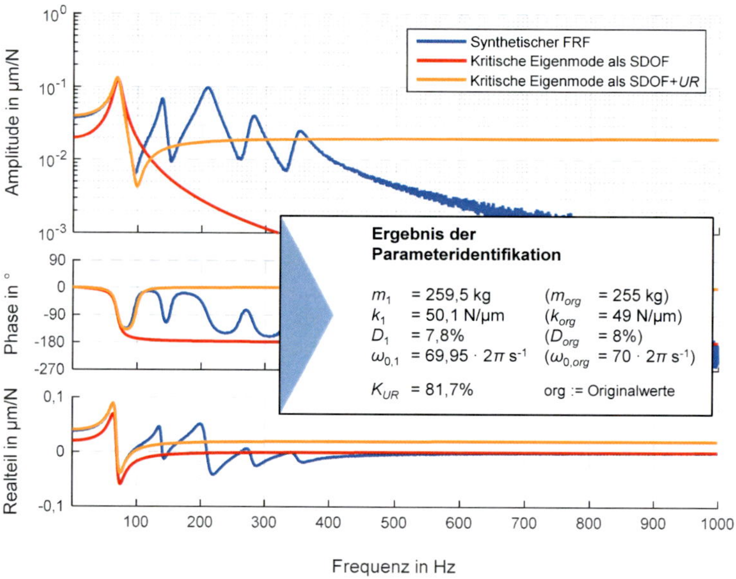

Bild 4-18: 5DOF-System approximiert durch einen SDOF mit oberen Residuum
5DOF System Approximated as SDOF plus Upper Residue

Fazit aus Kapitel 4.2

Aufbauend auf der Beschreibung der ganzheitlichen Methode zur einfachen Auslegung von HMD in Kapitel 4.1, wurden in Kapitel 4.2 die Herausforderungen bei den vorbereitenden Schritten zur Umsetzung von HMDs beschrieben und mögliche Lösungswege diskutiert. Hierin eingeschlossen ist zum einen die messtechnische Erfassung der Schwingungen im Bearbeitungsprozess (Kapitel 4.2.1), die Ermittlung des optimalen Wirkortes mittels experimenteller Frequenzgänge und der Modalanalyse (Kapitel 4.2.2) sowie abschließend die hinreichende Approximation des dynamischen Maschinenverhaltens und die notwendige Parameteridentifikation als Eingangsgrößen für die analytische Auslegung (Kapitel 4.2.3). Somit sind nun alle Voraussetzungen vorhanden, um die tatsächliche Auslegung des HMDs bei Fremderregung, aber insbesondere auch bei Selbsterregung im Bearbeitungsprozess durchzuführen.

4.3 Analytische Auslegung passiver HMD bei Fremderregung

Tuning the Tuned Mass Dampers in Case of Externally Excited Vibrations

Prinzipiell lassen sich viele Bauarten von HMDs, im Gegensatz zur gesamten Werkzeugmaschine, gut als Einmassenschwinger approximieren (vgl. Kapitel 2.2 bzw. 2.3). Die optimale Masse, Steifigkeit und Dämpfung des HMDs hängen dabei explizit von der Art der Schwingung ab, welche bedämpft werden soll. Es ergeben sich für die beiden Schwingungsarten unterschiedliche Eigenschaften für den HMD, wenngleich das Vorgehen aus Bild 4-19 für beide Arten gilt. In den folgenden Kapiteln 4.3 und 4.4 sollen diese optimalen Eigenschaften hergeleitet werden.

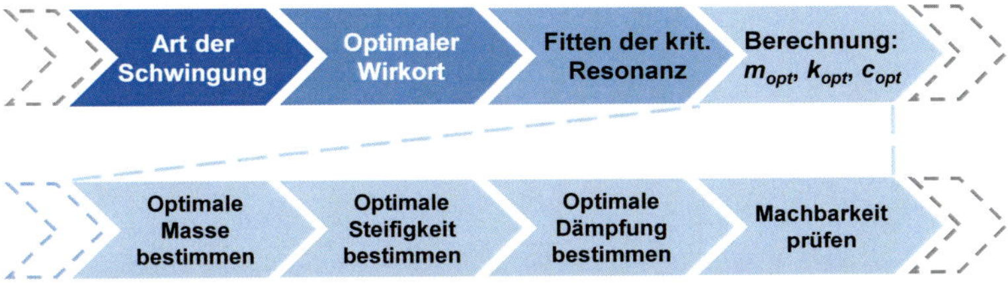

Bild 4-19: Vorgehen bei der Auslegung eines Hilfsmassendämpfers
How to Identify the Optimal Tuned Mass Damper Properties

Begonnen werden soll mit der analytische Auslegung von HMDs bei Fremderregung. Somit ist insbesondere der Amplitudengang als Optimierungsfunktion anzusehen, für welchen ein lokales, kritisches Maximum minimiert werden muss. Wie im Kapitel 4.2.3 dargestellt, kann das dynamische Verhalten einer Werkzeugmaschine im Bereich der kritischen Resonanzstelle durch einen SDOF mit unterem und oberem Residuum (*LR* bzw. *UR*) in guter Näherung approximiert werden. Auch können viele HMDs als SDOF abgebildet werden. Eine Kopplung dieser beiden Teilsysteme

($SDOF_{Maschine}$ und $SDOF_{HMD}$) ergibt ein System mit zwei Freiheitsgraden mit erneut einem *LR* und *UR* (vgl. auch Bild 3-1).

$$G_{F,x_1}(j\omega) = \\ -\frac{LR}{\omega^2} + \frac{-m_2\omega^2 + k_2 + j\omega c_2}{\left(-m_1\omega^2 + k_1\right)\left(-m_2\omega^2 + k_2\right) - k_2 m_2 \omega^2 + j\omega c_2\left(-m_1\omega^2 + k_1 - m_2\omega^2\right)} + UR \tag{4.11}$$

Der Index 1 steht für die Maschine, Index 2 für den HMD. Zur weiteren Verallgemeinerung soll die Gleichung (4.11) analog zu den Ausführungen in Kapitel 3.1 einheitenlos dargestellt werden. Hierfür werden die folgenden Größen eingeführt:

$G' = G_{F,x_1} \cdot \frac{F(\omega = 0s^{-1})}{x_{stat}} = x_1 / x_{stat}$	spezifischer Nachgiebigkeitsfrequenzgang
$\mu = m_2 / m_1$	Massenverhältnis
$\omega_i = \sqrt{k_i / m_i}$ mit $i = 1$ bzw. 2	Eigenkreisfrequenz vom Teilsystem i
$f = \omega_2 / \omega_1$	Eigenkreisfrequenzverhältnis
$g = \omega / \omega_1$	bezogene Kreisfrequenz
$\xi = c_2 / 2m_2\omega_1$	kritische Dämpfung
$\mathrm{M}_{LR} = m_1 \cdot LR$ mit *LR* als unteres Residuum	bezogenes unteres Residuum
$\mathrm{K}_{UR} = k_1 \cdot UR$ mit *UR* als oberes Residuum	bezogenes oberes Residuum

Nach Einsetzen der oben genannten Größen ergibt sich der spezifische Nachgiebigkeitsfrequenzgang *G'* eines 2DOF mit unterem und oberen Residuum zu:

$$G' = -\frac{1}{g^2}\mathrm{M}_{LR} + \frac{f^2 - g^2 + j \cdot 2\xi g}{(1-g^2)(f^2-g^2) - \mu f^2 g^2 + j \cdot 2\xi g \cdot (1 - g^2 \cdot (1+\mu))} + \mathrm{K}_{UR} \tag{4.12}$$

Wie in Kapitel 4.2.3 dargelegt, kann bei einer Fremderregung der Werkzeugmaschine das untere Residuum M_{LR} in vielen Fällen vernachlässigt werden.

Die Gleichung (4.12) entspricht somit der Form:

$$G' = \frac{A + jB}{C + jBD} + E \tag{4.13}$$

mit

$$A = f^2 - g^2$$

$$B = 2\xi g$$

$$C = \left(1 - g^2\right)\left(f^2 - g^2\right) - \mu f^2 g^2$$

$$D = 1 - g^2\left(1 + \mu\right)$$

$$E = \mathrm{K}_{UR}$$

Durch die Erweiterung des Bruches in Gleichung (4.13) mit dem komplex konjugierten Nenner ergibt sich:

$$G' = \frac{AC + B^2 D + j\left(BC - ABD\right)}{C^2 + B^2 D^2} + E = \frac{AC + B^2 D}{C^2 + B^2 D^2} + E + j\frac{BC - ABD}{C^2 + B^2 D^2} \tag{4.14}$$

Aus Gleichung (4.14) wird deutlich, dass das obere Residuum nur den Realteil des spezifischen Nachgiebigkeitsfrequenzganges beeinflusst. Im Falle der Fremderregung ist eine Reduktion der Maschinennachgiebigkeit bei der Fremderregungsfrequenz und somit der Amplitudengang

$$\left|G'\right| = \sqrt{\left(\frac{AC + B^2 D}{C^2 + B^2 D^2} + E\right)^2 + \left(\frac{BC - ABD}{C^2 + B^2 D^2}\right)^2} \tag{4.15}$$

das Optimierungsziel.

Nach einigen Umformungen ergibt sich der Amplitudengang zu:

$$\left|G'\right| = \sqrt{\frac{\left(A + CE\right)^2 + B^2\left(DE + 1\right)^2}{C^2 + B^2 D^2}} \tag{4.16}$$

Angelehnt an das Vorgehen in [DEN 85] können für die Gleichung (4.16) verschiedene Fälle gefunden werden, für welche diese Gleichung unabhängig von B und damit von der Dämpfung ξ des HMDs ist. Abgesehen von den trivialen Fällen ($\xi = 0$ und $g = 0$) können in Bild 4-20 drei weitere Punkte P, Q und X beobachtet werden, bei denen Gleichung (4.16) unabhängig von der Dämpfung des HMDs ist.

Das Optimierungsziel ist nun, das Eigenkreisfrequenzverhältnis f so zu wählen, dass die Punkte P und Q auf gleicher Höhe sind und gleichzeitig die Dämpfung ξ so zu bestimmen, dass die beiden Maxima der Kurve genau in den Punkten P und Q liegen. Die Lage des Punktes X spielt für diese Optimierung keine Rolle.

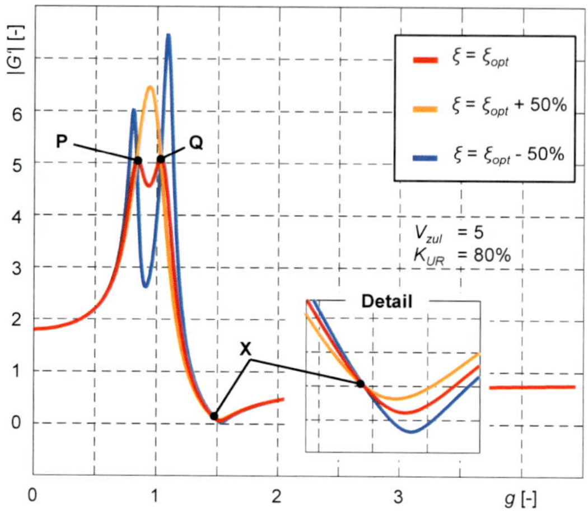

Bild 4-20: Normierter Amplitudengang mit oberen Residuum bei Variation der Dämpfung

Normed Amplitude with Upper Residue and Variation of the Damping Value

Erster Schritt ist die mathematische Beschreibung der Punkte P und Q, an welchen die Gleichung (4.16) unabhängig von der Dämpfung des HMDs wird. Dies ist für das Verhältnis

$$\left(\frac{A+CE}{C}\right)^2 = \left(\frac{DE+1}{D}\right)^2 \tag{4.17}$$

der Fall. Durch ziehen der Wurzel auf beiden Seiten der Gleichung (4.17) ergeben sich die zwei Gleichungen

$$\frac{A+CE}{C} = \frac{DE+1}{D} \wedge \frac{A+CE}{C} = -\frac{DE+1}{D} \tag{4.18}$$

Durch Auflösen der ersten Gleichung wird schnell deutlich, dass diese auf die triviale Nullstelle $g = 0$ zurückführt.

$$\frac{A+CE}{C} = \frac{DE+1}{D} \Leftrightarrow AD + CDE = CDE + C \Leftrightarrow AD - C = 0 \tag{4.19}$$

Die zweite Gleichung aus (4.18) ist äquivalent zu

$$AD + C + 2CDE = 0 \ \forall \ g \neq 0 \tag{4.20}$$

Diese Gleichung ergibt bzgl. g^2 eine kubische Gleichung und führt somit auf drei positive Nullstellen, wovon eine dem Punkt P, eine dem Punkt Q und der Vollständigkeit halber eine dem Punkt X entspricht. Nach Einsetzen der Nullstellen g_P und g_Q in Gleichung (4.16) kann der Wert der normierten Amplitude an den Nullstellen berechnet werden.

Der zweite Schritt sieht nun vor, die Amplituden in den Punkten P und Q gleich hoch einzustellen und die sich ergebende Gleichung (4.21) nach *f* zu lösen.

$$\left|G'(g=g_P,f)\right| = \left|G'(g=g_Q,f)\right| \tag{4.21}$$

Die Lösung der Gleichung (4.20) und daher auch der Gleichung (4.21) ist durchaus komplizierter Natur, kann aber über mathematische symbolische Lösungsalgorithmen (z. B. mit Hilfe der Symbolic Math Toolbox™ von MATLAB®) gelöst werden. Im Sinne der Praxistauglichkeit bietet sich jedoch eine Vereinfachung der sich ergebenden Gleichung an.

$$f_{opt} = \frac{1}{1+\mu} - \frac{K_{UR}}{\left(2/\mu + e^{K_{UR}}\right)^{5/4}} \tag{4.22}$$

Es ist zu erkennen, dass für K_{UR} gegen Null die Gleichung (4.22) gegen $1/(1+\mu)$ geht, was dem optimalen *f* aus [DEN 85] entspricht (vgl. Gleichung (3.1)). Der Subtrahend korrigiert den Minuend abhängig vom dynamischen Verhalten der Werkzeugmaschine oberhalb der kritischen Resonanzstelle.

Im nächsten Schritt sollen die beiden sich ergebenden Maxima des Amplitudenganges über das optimale Dämpfungsverhältnis ξ in die Punkte P und Q gelegt werden. Das optimale Dämpfungsverhältnis kann nach [BROC46] über

$$\xi_{opt} = \sqrt{\frac{3\mu}{8(1+\mu)^3}} \tag{4.23}$$

berechnet werden. Wird nun weiter durch den Ingenieur eine zulässige Resonanzüberhöhung V_{zul} festgelegt, so kann nach der Gleichung

$$\mu_{opt} = \frac{2}{V_{zul}^2 - e^{K_{UR}}} \tag{4.24}$$

das optimale Massenverhältnis berechnet werden. Diese Gleichung geht für ein unteres bezogenes Residuum K_{UR} gegen Null auf die Vorgaben nach [WECK06a] zurück (vgl. Gleichung (3.3)).

Fallbeispiel: 5DOF (siehe Seite 44)

In Kapitel 4.2 wurde die erste kritische Eigenfrequenz des 5DOF als SDOF mit oberem Residuum approximiert (vgl. Bild 4-18 auf Seite 68). Legt man nun eine zulässige Resonanzüberhöhung V_{zul} von 1,33 fest (was einer maximalen dynamischen Nachgiebigkeit von 0,05 µm/N entspricht), so kann über Gleichung (4.24) das notwendige Massenverhältnis μ_{opt} zu 56,0% und demnach einer Hilfsmasse m_2 von 145,5 kg bestimmt werden. Über das notwendige Massenverhältnis kann dann direkt nach den Gleichungen (4.22) und (4.23) das optimale Eigenfrequenzverhältnis f_{opt} zu 54,2% bzw. das optimale Dämpfungsverhältnis ξ_{opt} zu 23,5% berechnet werden. Hieraus lassen sich die optimale HMD-Steifigkeit k_2 zu 8,2 N/µm und das optimale HMD-Dämpfungsmaß D_2 zu 43,5% ermitteln. Wie in Bild 4-21 zu erkennen, reduziert sich der Amplitudengang auf die gewünschte maximale Resonanzüberhöhung. Der synthetische FRF mit HMD (roter Graph) berechnet sich dabei nach Gleichung (2.14), wobei erst die kritische Polstelle abgezogen und anschließend die um den HMD erweiterte Polstelle aufaddiert wird. Bild 4-21 zeigt auch das Berechnungsergebnis unter Verwendung der Gleichungen aus [DEN 85] bzw. [WECK06a]. Es ist zu erkennen, dass die notwendige Hilfsmasse deutlich unterschätzt wird (knapp 50 kg geringer) und somit der Amplitudengang (grauer Graph) die gewünschte zulässige Resonanzüberhöhung um ca. 20% überschreitet.

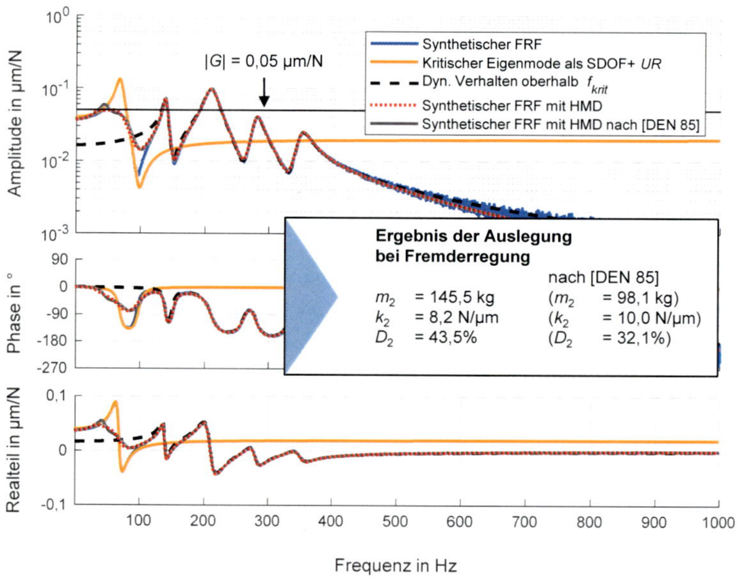

Bild 4-21: Optimale HMD-Eigenschaften bei Fremderregung

Optimal Tuned Mass Damper in Case of Externally Excited Vibrations

Fazit aus Kapitel 4.3

Mit Hilfe der in diesem Kapitel dargelegten Gleichungen kann für den Fall der Fremderregung ein HMD für eine WZM einfach ausgelegt werden. Unter der Voraussetzung, dass die dynamischen Eigenschaften der kritischen Resonanzstelle identifiziert worden sind (vgl. Vorgehen aus Kapitel 4.2), müssen hierfür folgende vier Schritte durchgeführt werden:

1. Festlegung der maximal zulässigen Resonanzüberhöhung V_{zul}.
2. Berechnung des notwendigen Massenverhältnisses μ_{opt} nach Gleichung (4.24).
3. Berechnung des optimalen Frequenzverhältnisses f_{opt} nach Gleichung (4.22).
4. Berechnung des optimalen Dämpfungsverhältnisses ξ_{opt} nach Gleichung (4.23).

Anschließend können alle relevanten Eigenschaften (m_2, k_2 und c_2) des HMDs ermittelt und dieser konstruktiv ausgearbeitet werden.

4.4 Analytische Auslegung passiver HMD bei Selbsterregung

Tuning the Tuned Mass Dampers in Case of Self-exited Vibrations

Im Falle der Selbsterregung ist die kritische Grenzspanungsbreite direkt abhängig von dem absoluten Betrag des negativen Realteils des Nachgiebigkeitsfrequenzganges. Ziel muss es daher sein, einen HMD derart auszulegen, dass der Realteil im Bereich der kritischen Eigenfrequenz keine Werte kleiner als Null annimmt. Somit wäre eine instabile Bearbeitungsprozess infolge der vorher noch kritischen Eigenform nicht mehr möglich. Alternativ kann der HMD auch derartig dimensioniert werden, dass ein endlicher negativer Realteil zugelassen wird, um so zum Beispiel in einem einfachen konkreten Drehprozess bis zur einer maximalen Schnitttiefe (etwa die maximal zulässige Schnitttiefe des Werkzeugs) stets stabil zu sein. Gesucht ist nun das optimale Frequenzverhältnis f_{opt}, das optimale Dämpfungsverhältnis ξ_{opt} und schlussendlich das optimale Massenverhältnis μ_{opt}, bei welchem der Realteil nicht unter Null fällt.

Im ersten Schritt soll der spezifische Realteil des spezifischen komplexen Nachgiebigkeitsfrequenzganges G' hergeleitet werden. Ausgehend von Gleichung (4.14) ergibt sich der Realteil zu

$$\mathrm{Re}\{G'\} = \frac{AC + B^2 D}{C^2 + B^2 D^2} + E \tag{4.25}$$

Der bezogene Realteil lautet daher

$$\mathrm{Re}\{G'\} = \frac{(f^2-g^2)\left[(1-g^2)(f^2-g^2)-\mu f^2 g^2\right]+(2\xi g)^2\left(1-g^2\cdot(1+\mu)\right)}{\left[(1-g^2)(f^2-g^2)-\mu f^2 g^2\right]^2+(2\xi g)^2\left(1-g^2\cdot(1+\mu)\right)^2}+K_{UR} \quad (4.26)$$

Auch für den Realteil können drei Punkte P, A und N (vgl. Bild 4-22) gefunden werden, welche neben den trivialen Fällen unabhängig von der Dämpfung des HMDs sind.

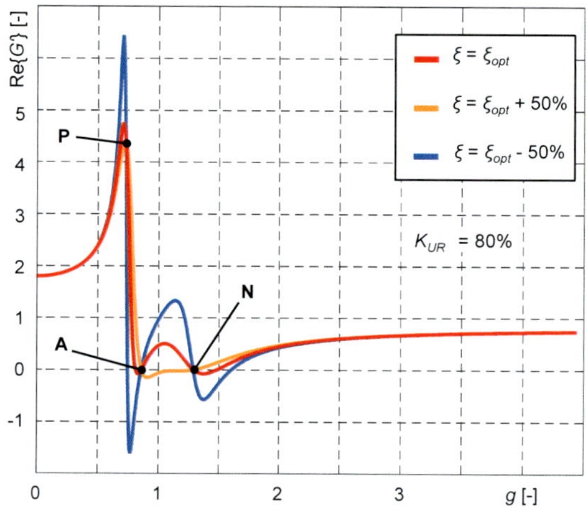

Bild 4-22: Normierter Realteil mit oberem Residuum bei Variation der Dämpfung
Normed Real Part with Upper Residue and Variation of the Damping Value

So sollen, angelehnt an das Vorgehen in Kapitel 4.3, die Punkte A und N mittels des optimalen Frequenzverhältnisses f_{opt} auf gleiche Höhe gebracht, dann über das optimale Dämpfungsverhältnis ξ_{opt} die beiden sich ergebenden Minima in die Punkte A und N gelegt und abschließend das optimale Massenverhältnis μ_{opt} gefunden werden, sodass die Punkte A und N einen Realteil gleich Null besitzen.

Im mathematischen Sinne sind zur Herleitung der Gleichungen für μ_{opt}, f_{opt} und ξ_{opt} die folgenden vier Schritte notwendig:

1. Identifikation der Punkte A, N und P bei welchen Re{G'} unabhängig von ξ ist.

$$\frac{d\left(\mathrm{Re}\{G'\}\right)}{d\xi}=0 \Rightarrow g_{A,N,P} \text{ und } \mathrm{Re}\{G'(g=g_{A,N,P})\} \quad (4.27)$$

2. Herleitung des optimalen Frequenzverhältnisses f_{opt}, bei dem der Realteil in den Punkten A und N gleich hoch ist.

$$\mathrm{Re}\{G'(g=g_A)\}=\mathrm{Re}\{G'(g=g_N)\}\Rightarrow f_{opt} \tag{4.28}$$

3. Herleitung des optimalen Dämpfungsverhältnisses ξ_{opt}, durch welches die Minima des Realteils in den Punkten A bzw. N liegen.

Die notwendige Bedingung dazu ist:

$$\frac{d\left(\mathrm{Re}\{G'(f_{opt})\}\right)}{dg}=0\Rightarrow g_{Extremwert} \tag{4.29}$$

Die hinreichende Bedingung dazu ist:

$$\frac{d^2\left(\mathrm{Re}\{G'(f_{opt})\}\right)}{dg^2}>0\Rightarrow g_{\min} \tag{4.30}$$

$$\mathrm{Re}\{G'(g=g_{A,N},f_{opt})\}=\mathrm{Re}\{G'(g=g_{\min},f_{opt})\}\Rightarrow \xi_{opt} \tag{4.31}$$

4. Herleitung des optimalen Massenverhältnisses μ_{opt}, bei welchem die Punkte A und N auf der Frequenzachse liegen und somit kein Realteil kleiner Null vorliegt.

$$\mathrm{Re}\{G'(g=g_A,f_{opt})\}=0\Rightarrow \mu_{opt} \tag{4.32}$$

Bei der letzten Bedingung wurde der Punkt A gewählt, da mit diesem, wie später zu sehen, die Gleichung (4.25) einfacher zu lösen ist. Prinzipiell kann dieser letzte Schritt auch für den Punkt N durchgeführt werden.

Schritt 1: Identifikation der Punkte P, A und N

Ausgehend von Gleichung (4.26) sollen diejenigen Punkte ermittelt werden, bei denen Re{G'} unabhängig von der Dämpfung wird. Gleichung (4.26) ist von der folgenden Form

$$\mathrm{Re}\{G'\}=\frac{aA+\xi^2\cdot b^2B}{A^2+\xi^2\cdot b^2B^2}+C \tag{4.33}$$

mit nun

$a = f^2 - g^2$

$A = (1-g^2)(f^2 - g^2) - \mu f^2 g^2$

$b = 2g$

$B = 1 - g^2(1+\mu)$

$C = K_{UR}$

Somit gilt mit Hilfe der Quotientenregel und der Bedingung aus Gleichung (4.27):

$$\frac{d(\mathrm{Re}\{G'\})}{d\xi} = \frac{2\xi \cdot b^2 B(A^2 + \xi^2 \cdot b^2 B^2) - (aA + \xi^2 \cdot b^2 B)(2\xi \cdot b^2 B^2)}{(A^2 + \xi^2 \cdot b^2 B^2)^2} = 0 \tag{4.34}$$

Für die Ableitung des Realteils nach dem Dämpfungsverhältnis lässt sich, neben den trivialen Fällen $\xi^2 = 0$ und $b^2 = g^2 = 0$, eine positive Nullstelle nach Gleichung (4.35) ermitteln.

$$\begin{aligned} &B = 1 - g^2(1+\mu) = 0 \\ &\Leftrightarrow g_A = \sqrt{\frac{1}{1+\mu}} \end{aligned} \tag{4.35}$$

Es ist zu beachten, dass negative Nullstellen (also $g < 0$) aus der physikalischen Betrachtung heraus nicht weiter ausgeführt werden, obwohl sie mathematisch existieren. Weitere Nullstellen ergeben sich nach Umformen der Gleichung (4.34) aus

$$A^2 - aAB = 0 \text{ für } \xi, g \neq 0 \tag{4.36}$$

Fall 1:

$$\begin{aligned} &A = (1-g^2)(f^2 - g^2) - \mu f^2 g^2 = 0 \\ &\Leftrightarrow g_{N,P} = \sqrt{\frac{1+f^2(1+\mu)}{2} \pm \sqrt{\left(-\frac{1+f^2(1+\mu)}{2}\right)^2 - f^2}} \end{aligned} \tag{4.37}$$

Bei näherer Betrachtung der Gleichung (4.37) wird deutlich, dass $g_N \geq g_P$ ist.

Im Fall 2, $A \neq 0$, kann Gleichung (4.36) weiter vereinfacht werden und es folgt

$$\begin{aligned} &A - aB = (1-g^2)(f^2 - g^2) - \mu f^2 g^2 - (f^2 - g^2)(1 - g^2(1+\mu)) = 0 \\ &\Leftrightarrow g = 0 \end{aligned} \tag{4.38}$$

was erneut einer trivialen Nullstelle entspricht.

Zusammenfassend können drei nichttriviale Nullstellen g_A, g_N und g_P gefunden werden, an welchen der Realteil von der Dämpfung des Hilfsmassendämpfers unabhängig wird. Werden die für diese Punkte errechneten Frequenzen $g_{A,N,P}$ in Gleichung (4.26) eingesetzt, ergeben sich die zugehörigen Realteile an diesen Stellen (vgl. Gleichungen (4.39) und (4.40)).

$$\begin{aligned} \text{Re}\{G'(g=g_A)\} &= \frac{a}{A}+C=\frac{\left(f^2-g_A^2\right)}{\left(1-g_A^2\right)\left(f^2-g_A^2\right)-\mu f^2 g_A^2}+\text{K}_{UR} \\ \Leftrightarrow \text{Re}\{G'(g=g_A)\} &= \frac{(1+\mu)\left(1-f^2(1+\mu)\right)}{\mu}+\text{K}_{UR} \end{aligned} \tag{4.39}$$

$$\begin{aligned} \text{Re}\{G'(g=g_{N,P})\} &= \frac{1}{B}+C=\frac{1}{\left(1-g_{N,P}^2(1+\mu)\right)}+\text{K}_{UR} \\ \Leftrightarrow \text{Re}\{G'(g=g_{N,P})\} &= \frac{1}{1-\left[\frac{1+f^2(1+\mu)}{2}\pm\sqrt{\left(-\frac{1+f^2(1+\mu)}{2}\right)^2-f^2}\right](1+\mu)}+\text{K}_{UR} \end{aligned} \tag{4.40}$$

Aus Gleichung (4.40) wird deutlich, dass bei Abwesenheit des normierten oberen Residuums (K_{UR} = 0) der Realteil im Punkt P immer positiv und im Punkt N immer negativ wird, was die Namensgebung der Punkte begründet.

Schritt 2: Re{G′(g = g_A)} gleich Re{G′(g = g_N)}

Im nächsten Schritt sollen die Realteile in den Punkten A und N auf gleiche Höhe gesetzt werden. Somit müssen die Gleichungen (4.39) und (4.40) gleichgesetzt und nach *f* aufgelöst werden. Dieser Rechenschritt führt direkt zu dem optimalen Frequenzverhältnis f_{opt}. Die Lösung dieser Gleichung ist erneut sehr umfangreich, sodass es sich anbietet, abermals auf die Symbolic Math Toolbox™ von MATLAB® zurückzugreifen. Hiermit berechnet sich das optimale Frequenzverhältnis nach

$$f_{opt}=\sqrt{\frac{2+\mu+\sqrt{2\mu+\mu^2}}{2(\mu+1)^2}}. \tag{4.41}$$

Schritt 3: Minima von Re{G′} in die Punkte A und N

Die dritte Bedingung bei der Auslegung des HMDs verlangt, dass beide Minima des Realteils des 2DOF-Systems in den Punkten A und N liegen. Erneut kann festgestellt werden, dass die Gleichung (4.23) aus [BROC46] das optimale Dämpfungsverhältnis berechnet.

$$\xi_{opt}=\sqrt{\frac{3\mu}{8(1+\mu)^3}} \tag{4.42}$$

Schritt 4: Realteil in den Punkten A und N gerade gleich Null

Nachdem nun das optimale Frequenzverhältnis f_{opt} und das optimale Dämpfungsverhältnis ξ_{opt} gefunden werden kann, fehlt abschließend noch das optimale Massenverhältnis μ_{opt}, für welches der Realteil stets größer Null bleibt. Ein instabiler Bearbeitungsprozess wäre für diesen Fall ausgeschlossen. Das ist genau dann der Fall, wenn die letzte Bedingung, Gleichung (4.32), erfüllt wird.

$$\mathrm{Re}\left\{G'\left(g = g_A, f_{opt}\right)\right\} = \frac{(1+\mu)\left(1 - f_{opt}^2(1+\mu)\right)}{\mu} + \mathrm{K}_{UR} = \frac{1}{2} - \frac{\sqrt{2\mu + \mu^2}}{2\mu} + \mathrm{K}_{UR} = 0 \quad (4.43)$$

Nach einer entsprechenden Umformung ergibt sich die Gleichung

$$\Leftrightarrow \mu_{opt} = \frac{1}{2\mathrm{K}_{UR} + 2\mathrm{K}_{UR}^2} \quad (4.44)$$

Demnach ist das optimale Massenverhältnis ausschließlich von der bezogenen Restnachgiebigkeit K_{UR} abhängig. Setzt man nun Gleichung (4.44) in die Gleichungen (4.41) und (4.42) ein, wird deutlich, dass auch diese lediglich von dieser Größe abhängen. Eine sichere Bestimmung der Restnachgiebigkeit ist somit Grundvoraussetzung bei der Auslegung eines HMDs nach dieser vorgestellten Methode.

Sollte es zulässig sein, einen gewissen negativen Realteil bestehen zu lassen, so kann dies ebenfalls in Gleichung (4.44) berücksichtigt werden. Hierzu wird analog zu Kapitel 4.3 eine zulässige negative Abweichung des Realteils Re_{zul} von Null eingeführt. Re_{zul} entspricht dem Verhältnis zwischen dem Betrag der zugelassenen Abweichung des Realteils in den negativen Bereich und der Nachgiebigkeit des isolierten Grundsystems $1/k_1$. Gleichung (4.44) erweitert sich hiermit zu

$$\boxed{\mu_{opt} = \frac{1}{2(\mathrm{K}_{UR} + \mathrm{Re}_{zul}) + 2(\mathrm{K}_{UR} + \mathrm{Re}_{zul})^2}} \quad (4.45)$$

Fallbeispiel: 5DOF (siehe Seite 44)

Erneut sollen die eben entwickelten Gleichungen auf den 5DOF aus Bild 4-1 angewandt werden. Im ersten Fall soll der HMD so ausgelegt werden, dass der Realteil, welcher infolge der ersten kritischen Resonanzstelle in den negativen Bereich abfällt, stets größer Null ist. Somit muss $Re_{zul} = 0$ gesetzt werden. Aus den dynamischen Eigenschaften des Grundsystems (vgl. Bild 4-18 auf Seite 68) und insbesondere dem unteren Residuum K_{UR}, kann mit Gleichung (4.45) ein optimales Massenverhältnis μ_{opt} von 26,3% berechnet werden, was einer Hilfsmasse von 68,4 kg entspricht. Somit ist die Masse, welche für eine Reduktion des Realteils auf Null benötigt wird, kleiner als jene, welche für die avisierte Amplitudenreduktion aus Kapitel 4.3 benötigt wurde. Anschließend können über die Gleichungen (4.41) und (4.42) das optimale Frequenzverhältnis f_{opt} bzw. Dämpfungsverhältnis ξ_{opt} berechnet werden, woraus direkt die optimale HMD-Steifigkeit k_2 zu 12,5 N/µm und das optimale HMD-Dämpfungsmaß D_2 zu 22,7% folgen. Über die Methode nach [SIMS07] wäre eine derartige Auslegung nicht möglich (vgl. Argumentation in Kapitel 3.1).

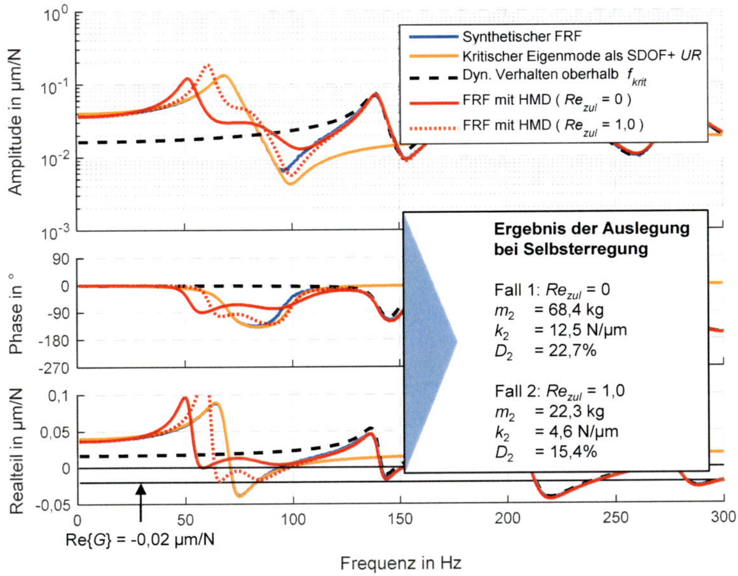

Bild 4-23: Optimale HMD-Eigenschaften bei Selbsterregung
Optimal Tuned Mass Damper in Case of Self Excited Vibrations

Im zweiten Fall wird ein negativer Realteil von -0,02 µm/N zugelassen, sodass Re_{zul} einen Wert von ca. 1 annimmt. Es ergibt sich für eine einfache Stabilitätsabschätzung nach Gleichung (4.3) bei einem beispielhaften spezifischen Schnittkraftkoeffizient k_{cb} von 2500 N/mm^2 eine kritische Spanungsbreite von 10 mm. Wird nun angenommen, dass das Werkzeug diese Spanungsbreite nicht überschreiten kann, so wäre der Prozess stabil, obwohl ein negativer Realteil zurück bleibt. In diesem Fall berechnet sich nun eine Hilfsmasse von nur 22,3 kg, eine HMD-Steifigkeit von 4,6 N/µm und ein HMD-Dämpfungsmaß von 15,4%. Bild 4-23 zeigt die Ergebnisse für beide Fälle.

Fazit aus Kapitel 4.4

Analog zu Kapitel 4.3 sollen auch für dieses Kapitel die dargelegten Gleichungen für den Fall der Selbsterregung wie folgt in ein eindeutiges Vorgehen zur Bestimmung der optimalen HMD-Eigenschaften überführt werden:

1. Festlegung des minimal zulässigen Realteils Re_{zul}.
2. Berechnung des optimalen Massenverhältnisses μ_{opt} nach Gleichung (4.45).
3. Berechnung des optimalen Frequenzverhältnisses f_{opt} nach Gleichung (4.41).
4. Berechnung des optimalen Dämpfungsverhältnisses ξ_{opt} nach Gleichung (4.42).

Anschließend können alle relevanten Eigenschaften (m_2, k_2 und c_2) des HMDs ermittelt und die Konstruktion des HMDs durchgeführt werden.

4.5 Diskussion: Einschränkungen und Grenzen der Methode

Discussion: Limitations of the Proposed Method

4.5.1 Grenzwertverhalten der Gleichungen für die optimale Hilfsmasse

Behavior of the Proposed Equations Close to Mathematic Boundaries

Zur Diskussion der in den vorherigen Kapiteln (4.3 und 4.4) entwickelten Gleichungen sollen im ersten Schritt deren Grenzwerte – insbesondere die physikalisch sinnvollen – untersucht werden.

Grenzwerte für V_{zul} im Falle der Fremderregung

$$\mu_{opt} = \frac{2}{V_{zul}^2 - e^{K_{UR}}} \tag{4.46}$$

Eine ideal gedämpfte Resonanzstelle weist keine Resonanzüberhöhung auf. Demnach wäre die dynamische Nachgiebigkeit an der Resonanzstelle gleich der statischen Nachgiebigkeit. Dies entspräche einer Resonanzüberhöhung von eins. Wollte man nun einen HMD derartig auslegen (V_{zul} = 1), ergibt sich nach Gleichung (4.46) (vgl. auch Kapitel 4.3) ein negatives Massenverhältnis. Die Physik fordert allerdings ein Massenverhältnis $\mu > 0$. Somit ergibt sich die Bedingung, dass der Nenner N der Gleichung (4.46) größer Null bleiben muss. Zugleich fordert die Mathematik einen Nenner ungleich Null, was somit unmittelbar zu einem Grenzwert $V_{zul,Grenz}$ führt. Eine zulässige Resonanzüberhöhung kleiner gleich diesem Grenzwert kann nicht gewählt werden. Dieser Grenzwert kann auf einfache Weise berechnet werden:

$$N = V_{zul,Grenz}^2 - e^{K_{UR}} = 0 \Leftrightarrow V_{zul,Grenz} = e^{K_{UR}/2} \tag{4.47}$$

Um das Verhalten in der Nähe des Grenzwertes zu beobachten zeigt Bild 4-24 die Abhängigkeit der normierten Amplitude $|G'|$ von der zulässigen Amplitudenüberhöhung über dem Kreisfrequenzverhältnis g. Für das dargestellte Beispiel wurde ein K_{UR} von 80% gewählt, woraufhin nach Gleichung (4.47) eine minimale zulässige Amplitudenüberhöhung größer 1,49 gewählt werden muss, um nicht den Grenzwert zu erreichen. In Bild 4-24 ist zu erkennen, dass die beiden Maxima im Bereich des Grenzwertes, V_{zul} gegen 1,49, nicht mehr auf gleicher Höhe liegen. Somit ergibt die analytische Auslegung in diesen Bereichen keine guten Ergebnisse mehr und es muss bei der praktischen Umsetzung des HMDs eine empirische Feinabstimmung eingeplant werden, um diesen Effekt auszugleichen.

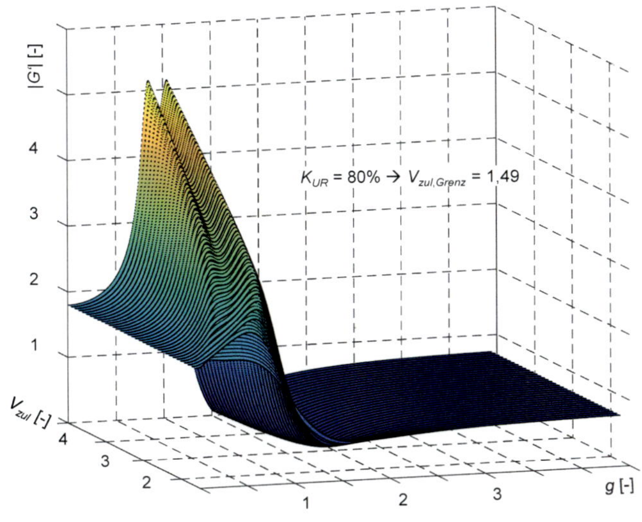

Bild 4-24: Abhängigkeit der $|G'|$ von V_{zul} über g

Dependency of $|G'|$ regarding V_{zul} over g

Das optimale Massenverhältnis μ_{opt} ist nach Gleichung (4.46) umgekehrt quadratisch zur zulässigen Resonanzüberhöhung V_{zul}. Somit ergeben sich in der Nähe des Grenzwertes $V_{zul,Grenz}$ sehr große Werte für das Massenverhältnis μ. Unter der Berücksichtigung, dass in der praktischen Umsetzung Massenverhältnisse von 20% üblich und konstruktiv umsetzbar sind [UMBA61], wird deutlich, dass ein HMD bei derartig großen Anforderungen an die zulässige Resonanzüberhöhung (V_{zul} geht gegen $V_{zul,Grenz}$), nicht die optimale Wahl zur Reduktion der fremderregten Schwingungen darstellt.

Die analoge Betrachtung kann auch für die Gleichungen bei selbsterregten Schwingungen durchgeführt werden.

Grenzwerte für Re_{zul} im Falle der Selbsterregung

$$\mu_{opt} = \frac{1}{2(K_{UR} + Re_{zul}) + 2(K_{UR} + Re_{zul})^2} \tag{4.48}$$

Auch für den zulässigen Realteil kann ein mathematischer Grenzwert $Re_{zul,Grenz}$, diesmal jedoch mittels der Gleichung (4.48), hergeleitet werden:

$$N = 0 \Leftrightarrow Re_{zul,Grenz} = -K_{UR} \tag{4.49}$$

Ein Re_{zul} kleiner diesem Grenzwert führt zu einem negativen Massenverhältnis μ, was physikalisch nicht sinnvoll ist. Ein Re_{zul} für das $-K_{UR} < Re_{zul} < 0$ gilt, ergibt stets ein $\mu > \mu_{opt}$ und führt damit zu einem $Re\{G'\} > 0$. Dies wäre nur dann nötig, wenn eine Sicherheit bei der Auslegung eingeplant werden soll.

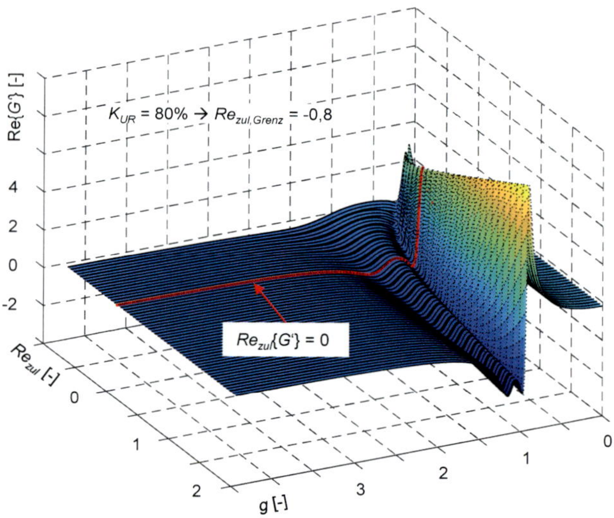

Bild 4-25: Abhängigkeit des Re{*G*'} von Re_{zul} über *g*

Dependency of Re{G'} regarding Re_{zul} over g

Auch bei dieser Auslegung folgt das optimale Massenverhältnis μ_{opt} umgekehrt quadratisch dem zulässigen Realteil Re_{zul}. Es ergeben sich somit zu den im vorherigen Abschnitt der fremderregten Auslegung analoge Schlussfolgerungen für ein Massenverhältnis nahe des Grenzwertes $Re_{zul,Grenz}$. Bild 4-24 zeigt die Abhängigkeit des normierten Realteils Re{G'} von Re_{zul} über dem Kreisfrequenzverhältnis g.

4.5.2 Fehlerabschätzung durch den Mittelungsansatz für ξ_{opt}

Error Estimation for ξ_{opt} due to the Averaging Approach

Das optimale Dämpfungsverhältnis ξ_{opt} kann interessanterweise über die gleiche Gleichung, welche in [BROC46] hergeleitet wurde, bestimmt werden (vgl. Kapitel 4.3 und 4.4). In [BROC46] wird darauf hingewiesen, dass die Gleichung (4.50) eine Mittelung aus der optimalen Dämpfung für den Punkt P und der für den Punkt Q ist.

$$\xi_{opt} = \sqrt{\frac{3\mu}{8(1+\mu)^3}} \tag{4.50}$$

Somit legt die Gleichung (4.50) die Maxima für Amplitudenreduktion bzw. die Minima für eine Realteilanhebung nicht ideal in die jeweiligen Punkte (z. B. für den Realteil in die Punkte A und N), sondern leicht daneben. Dies ist bereits in Bild 4-22 erkennbar und wird in Bild 4-26 verdeutlicht.

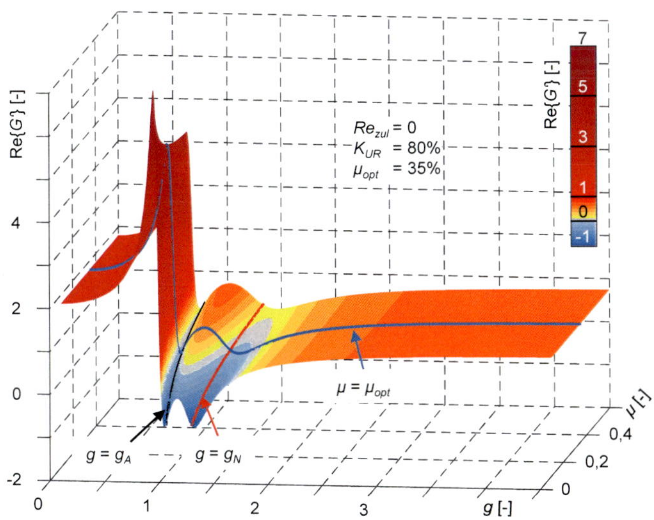

Bild 4-26: Normierter Realteil in Abhängigkeit von μ

Normed Real Part for Different μ

In diesem Bild ist die Farbcodierung des Flächenplots so eingestellt, dass negative Werte des Realteils blaue und positive Werte gelbe bis rote Farben annehmen. Werte nahe Null sind grau codiert. Neben dem Flächenplot ist zudem noch der Verlauf des normierten Realteils mit optimalem Massenverhältnis μ_{opt} und der Verlauf des normierten Realteils entlang der Punkte A und N in Abhängigkeit vom Massenverhältnis μ dargestellt. Man erkennt, dass die Punkte A und N nicht exakt in den Tälern des Flächenplots verlaufen, sodass beim optimalen Massenverhältnis doch noch ein minimaler negativer Realteil existiert, was eben auf den Ansatz von [BROC46] zurückzuführen ist. Allerdings sind diese Werte in der Regel nicht ausgeprägt negativ, insbesondere vor dem Hintergrund der praktischen Umsetzung des HMDs kann dieser Fehler vernachlässigt werden. Bei Bedarf wird empfohlen, eine Sicherheit bei der optimalen Masse einzuplanen, sodass der Realteil stets größer Null bleibt.

4.5.3 Sensitivitätsanalyse

Sensitivity Analysis

Während der Auslegung gibt es neben dem kalkulierbaren Fehler aus der Vereinfachung in [BROC46] (vgl. Kapitel 4.5.2) mögliche Einflüsse durch die in Kapitel 4.2.3 beschriebene Parameteridentifikation. Hier werden die modalen Eigenschaften der kritischen Eigenmode (modale Masse m_1, Steifigkeit k_1, oberes Residuum UR und Dämpfung D_1) ermittelt. Eine Sensitivitätsanalyse soll an dieser Stelle einen Überblick für die Relevanz einer fehlerhaften Bestimmung dieser Parameter geben.

Sensitivitätsanalyse zur Amplitudenreduktion

Kapitel 4.3 liefert eine Methode zur Ermittlung der optimalen Eigenschaften eines HMDs bei Fremderregung und demnach zur Reduktion einer Amplitude im Bereich der kritischen Eigenfrequenz. Die Gleichungen fußen allerdings auf den Eigenschaften des zu bedämpfenden Systems. So ist zum Beispiel das optimale Frequenzverhältnis (Gleichung (4.22)) direkt abhängig von der Masse m_1, der Steifigkeit k_1 und dem oberen Residuum UR. Jene Eigenschaften müssen somit bei der Parameteridentifikation eindeutig bestimmt werden. Bild 4-27 a) bis c) zeigt nun den Einfluss auf das optimale Dämpfungsergebnis durch den HMD infolge einer Abweichung von ±20% der jeweiligen Einzelparameter m_1, k_1 und UR. Während eine zu hohe Masse und auch eine zu niedrige Steifigkeit den HMD derartig „verstimmen“, dass dieser zu einer exponierten Resonanzstelle leicht unterhalb der kritischen Resonanzstelle bei ω_1 führt, so ist bei einer um 20% zu niedrig ermittelten Masse bzw. einer zu hoch ermittelten Steifigkeit eine ausgeprägte Resonanzstelle leicht oberhalb der ursprünglich kritischen Resonanzstelle zu beobachten. Dies verdeutlicht, dass die vorbereitende Parameterbestimmung an der kritischen Resonanzstelle sorgfältig durchgeführt werden muss, da schon kleinere Fehler zu hohen Abweichungen vom Optimum führen können. Aus praktischer Sicht sollte bei der Konzeptionierung des HMDs ausreichend Flexibilität vorgesehen werden, sodass dieser bei der IBN feinabgestimmt werden kann. Das optimale Ergebnis ist hinsichtlich des oberen Residuums UR weitaus weniger sensitiv. So führen 20%-ige Abweichungen von *UR* zu einer kaum merklichen Abweichung vom Optimum.

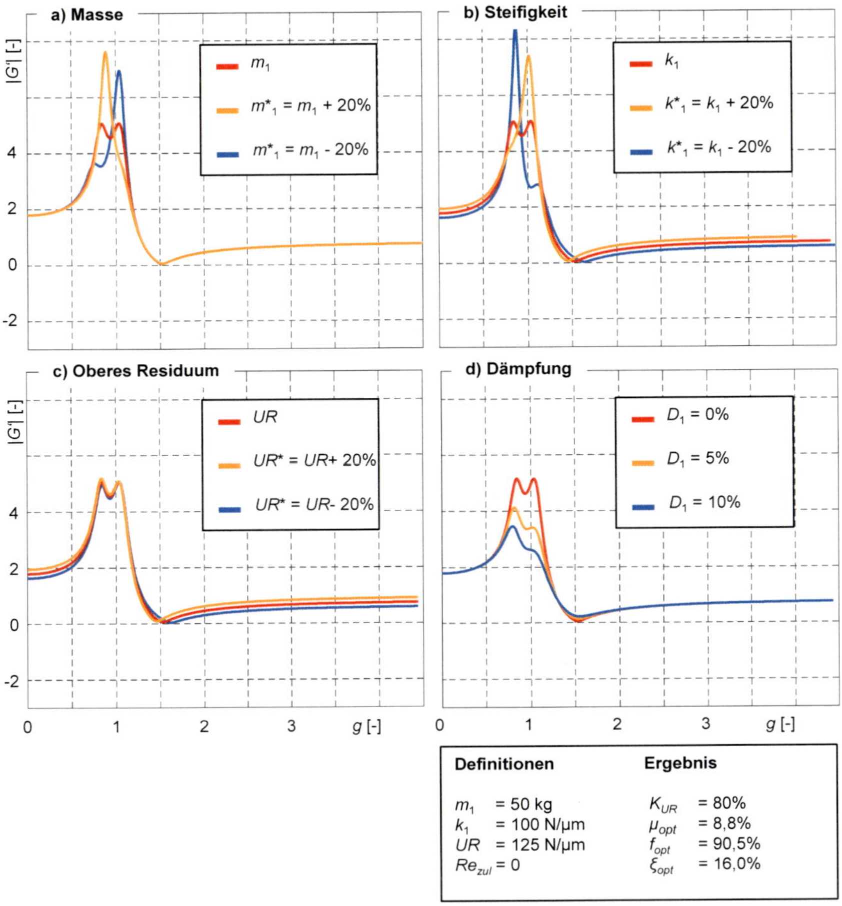

Bild 4-27: Einfluss der Masse, Steifigkeit, Dämpfung und des oberen Residuums auf den normierten Amplitudengang

Influence of Mass, Stiffness, Damping and upper Residual Term on the Amplitude

Dem Stand der Technik (Kapitel 2) folgend, kann die Dämpfung in Werkzeugmaschinen nahezu vernachlässigt werden. Diese Annahme wurde in Kapitel 4.3 übernommen, weshalb die Herleitung der dortigen Gleichungen deutlich vereinfacht werden konnte. Dennoch soll an dieser Stelle der Einfluss dieser Dämpfung des dynamischen Systems D_1 auf die Auslegung des HMDs diskutiert werden. Bild 4-27 d) zeigt den Einfluss zunehmender Dämpfung auf die Auslegung. Schon eine Dämpfung D_1 von nur 5% lässt die Auslegung nicht mehr optimal erscheinen. Zum Einen sind die beiden Maxima nicht mehr auf gleicher Höhe, zum Anderen wird die angestrebte Resonanzüberhöhung unterschritten. Trotz dieser Abweichungen kann festgehalten werden, dass die zusätzlich berücksichtigte Dämpfung das System nicht verschlechtert. Vielmehr reduziert sich der Amplitudengang durch diese noch weiter. Somit liefern die Auslegungsgleichungen aus Kapitel 4.3 auf Basis der Vernachlässigung der Maschinendämpfung eine Abschätzung zur sicheren Seite. Während der Feinabstimmung des HMDs können die Amplitudenmaxima durch eine einfache Variation der Hilfsmasse oder Steifigkeit auf gleiche Höhe gebracht werden, sodass sich abschließend ein optimales Dämpfungsergebnis einstellt.

Sensitivitätsanalyse zur Realteilanhebung

Analog zur vorherigen Analyse sollen nun auch die Gleichungen aus Kapitel 4.4 auf ihre Sensitivität bzgl. 20%-iger Abweichungen der korrekt bestimmten dynamischen Eigenschaften des zu bedämpfenden Systems untersucht werden. Ziel im Falle der Selbsterregung ist die Anhebung des Realteils in den durchgängig positiven Bereich.

Bild 4-28 a) und b) zeigen, dass der Realteil bei einer zu hoch approximierten Masse bzw. zu niedrig ermittelten Steifigkeit weiterhin nahezu positiv bleibt. Es kann daher festgehalten werden, dass der Ansatz für eine Selbsterregung an dieser Stelle robuster reagiert als der Ansatz im Falle der Fremderregung. Wird jedoch eine zu niedrige Masse bzw. zu hohe Steifigkeit angenommen, so wirkt der HMD nicht mehr optimal. Das obere Residuum *UR* (Bild 4-28 c)) hat nach Gleichung (4.45) einen direkten Einfluss auf das optimale Massenverhältnis μ_{opt}. Wird dieses Massenverhältnis infolge eines zu hohen *UR* unzureichend ermittelt, so resultiert dies in einer über der Frequenz konstanten positiven Abweichung des Realteils vom Optimum. Auf der anderen Seite bedeutet dies, dass ein zu niedrig ermitteltes *UR* zu einer negativen Abweichung führt. Allerdings sind die Abweichungen vom Optimum deutlich niedriger als beispielsweise durch eine Abweichung in Masse oder Steifigkeit. Der Fehlereinfluss kann also für ein falsch ermitteltes oberes Residuum vernachlässigt werden.

Auch für die Herleitung der Auslegungsgleichungen im Falle der Selbsterregung (Kapitel 4.4) wurde die Dämpfung D_1 des schwingenden Systems bzw. der Werkzeugmaschine unter den gleichen Gesichtspunkten vernachlässigt. Bild 4-28 d) zeigt den Einfluss einer zunehmenden Dämpfung auf das Auslegungsergebnis für den normierten Realteil. Abermals kann festgehalten werden, dass der Ansatz für eine Selbsterregung robuster reagiert als für eine Fremderregung. So sind die beiden Minima auch bei einer angenommenen 10-%igen Dämpfung noch nahezu auf gleicher Höhe. Zudem führt die Dämpfung D_1 zu einer weiteren Anhebung des Realteils. So kann erneut von einer Abschätzung zur sicheren Seite gesprochen werden, wird die Dämpfung der Werkzeugmaschine im Auslegungsansatz vernachlässigt.

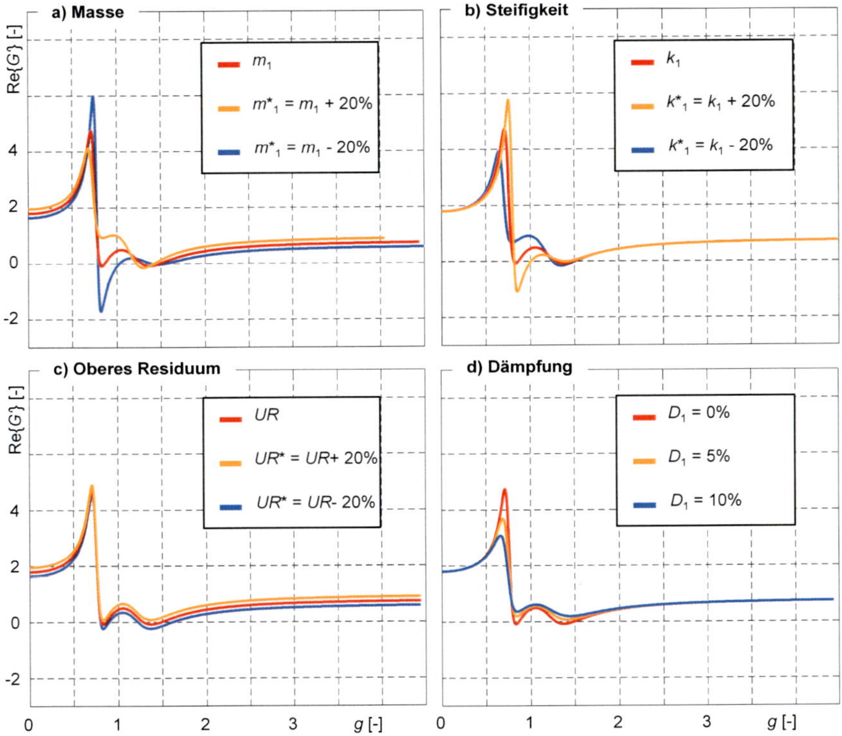

Definitionen		**Ergebnis**	
m_1	= 50 kg	K_{UR}	= 80%
k_1	= 100 N/µm	μ_{opt}	= 34,7%
UR	= 125 N/µm	f_{opt}	= 94,6%
Re_{zul}	= 0	ξ_{opt}	= 23,1%

Bild 4-28: Einfluss der Masse, Steifigkeit, Dämpfung und des oberen Residuums auf den normierten Realteil

Influence of Mass, Stiffness, Damping and Upper Residual Term on the Real Part

4.6 Fazit

Conclusion

In Kapitel 4 wurde eine Vorgehensweise zur Auslegung und Umsetzung eines HMDs entwickelt. Diese ganzheitliche Methode beginnt bei der Quantifizierung der schwingungstechnischen Problemstellung, zeigt eine Möglichkeit der Bestimmung der Art der Schwingungen (Kapitel 4.2.1), des optimalen Wirkortes (4.2.2) sowie der Ermittlung der dynamischen Eigenschaften des unzulässig schwingenden Systems (Kapitel 4.2.3). Ausgehend von diesen vorbereitenden Untersuchungen wird die analytische Auslegung eines HMDs im Falle der Fremd- und der Selbsterregung in den Kapiteln 4.3 und 4.4 hergeleitet und deren Grenzen in Kapitel 4.5 diskutiert.

Damit ist Hypothese I aus Kapitel 3.2 bestätigt worden: *„Es gibt eine einfache ganzheitliche Methode, Hilfsmassendämpfer für fremd- und selbsterregte Schwingungen in Werkzeugmaschinen analytisch auszulegen"*.

Die Herleitungen in Kapitel 4.4 erweitern die Modellierung des schwingenden Systems als SDOF um das obere Residuum unter der Annahme, dass das untere Residuum in den meisten Fällen vernachlässigt werden kann. Diese Vernachlässigung ist insbesondere dann zulässig, wenn die kritische Resonanzstelle direkt auch der ersten Resonanzstelle entspricht. Ausgehend von dieser mathematischen Modellierung des dynamischen Verhaltens der Werkzeugmaschine im Bereich der Resonanzstelle, zeigt die Herleitung der Gleichung (4.44), dass es genau ein optimales Massenverhältnis μ_{opt} gibt, welches den Realteil im Bereich der kritischen Resonanzstelle auf Null anhebt. Somit ist auch Hypothese II bestätigt worden: *„Im Falle selbsterregter Schwingungen im Bearbeitungsprozess gibt es genau eine optimale Hilfsmasse für einen Hilfsmassendämpfer, damit der Prozess stets stabil bleibt"*.

Das folgende Kapitel 5 dient nun der praktischen Anwendung der in Kapitel 4 entwickelten Methode. Hierbei soll die Praxistauglichkeit der Methode bewiesen und insbesondere gezeigt werden, dass die analytischen Formulierungen aus Kapitel 4 in realen Anwendungen Gültigkeit haben.

5 Verifikation anhand von Fallbeispielen

Verification by Typical Use Cases

Zur Verifikation der Methode wird in diesem Kapitel zunächst eine einfache Software zur Unterstützung des Anwenders vorgestellt, welche den Fitting Algorithmus, die Ableitung der modalen Parameter und die Berechnung der optimalen HMD-Eigenschaften sowie einen resultierenden Frequenzgang prognostiziert und darstellt. Anschließend werden für zwei typische Fräsmaschinen HMDs berechnet und umgesetzt. Der direkte Vergleich zwischen den berechneten und den prognostizierten Ergebnissen dient dann der Verifikation und einer erneuten Diskussion der Grenzen der in dieser Arbeit vorgestellten Methode.

5.1 Software zur Auslegung passiver Hilfsmassendämpfer

Software for Designing Passive Tuned Mass Dampers

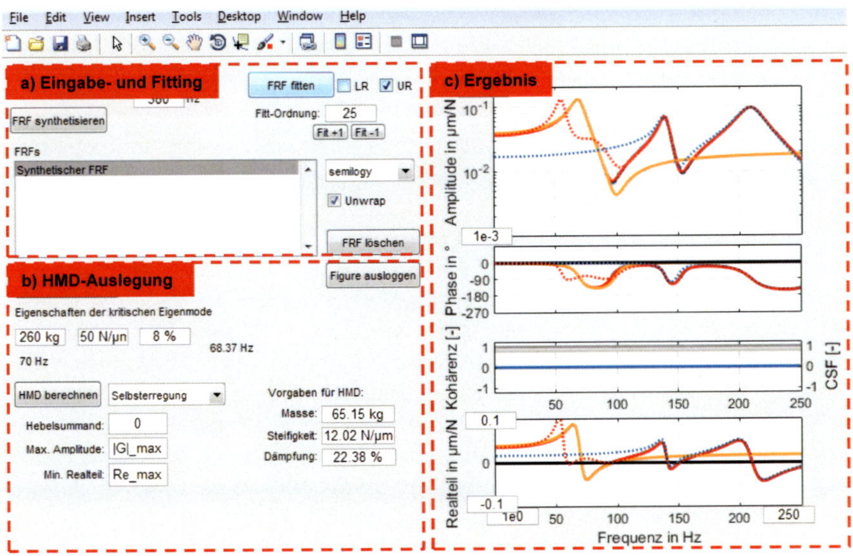

Bild 5-1: Benutzeroberfläche und Funktionsstruktur der Software

Graphic User Interface and Software Functions

Zur Durchführung der in Kapitel 4 hergeleiteten Methode wurde eine Software auf Basis von MATLAB® programmiert. Diese Software bietet Unterstützung bei der Auslegung von HMDs nach Abschluss der vorangegangenen messtechnischen Untersuchungen, welche in den Kapiteln 4.2.1 und 4.2.2 beschrieben wurden. Bild 5-1 zeigt die Benutzeroberfläche (kurz: GUI für „Graphic User Interface“) der Software, welche in die drei markierten Bereiche a) Eingabe- und Fitting Bereich, b) HMD-Auslegungs-Bereich und c) Ergebnis-Bereich unterteilt ist. Notwendige Eingangsdaten sind die gemessenen (oder auch simulierten) komplexen Nachgiebigkeitsfrequenzgänge. Das unterstützte Datenformat der Software ist das Universal File Format (kurz: UFF), welches in [ALLE87] erstmals veröffentlicht und beschrieben wurde. Dieses Datenformat ist auch heute noch in gängigen Programmen für die experimentelle aber auch simulative Modalanalyse gebräuchlich [GURA15].

Nach dem Laden der Daten, der Auswahl des relevanten Frequenzganges in einer Auswahlliste und der Vorgabe der Randbedingungen zum Fitten des Frequenzganges (Ordnung des Fits, mögliche Berücksichtigung eines unteren und/oder oberen Residuums, Festlegung des relevanten Frequenzbereiches), wird über die P-LSCF-LSFD-Methode (vgl. Kapitel 4.2.3) der Frequenzgang approximiert. Das Programm ermöglicht über eine einfache Darstellung aller sich ergebenden Polstellen die Auswahl der kritischen Eigenmode, für welche der HMD ausgelegt werden soll. Die diesen ausgewählten Eigenmoden zugrunde liegenden modalen Eigenschaften (modale Masse, Steifigkeit und Dämpfung) bilden die Grundlage für die Berechnung der optimalen HMD Eigenschaften.

Im Programm kann der HMD sowohl für fremd-, als auch selbsterregte Schwingungen ausgelegt werden. Fallabhängig wurden hierzu die jeweiligen Gleichungen aus den Kapiteln 4.3 und 4.4 implementiert. Bei Bedarf kann eine zulässige Resonanzüberhöhung bzw. ein zulässiger Realteil vorgegeben werden. Die Software liefert abschließend die optimalen Parameter (wiederum Masse, Steifigkeit und Dämpfung) für den HMD sowie eine Approximation des resultierenden Nachgiebigkeitsfrequenzganges. Der direkte Vergleich zwischen dem ursprünglich gemessenen und dem berechneten Frequenzgang ermöglicht eine erste, einfache Abschätzung hinsichtlich der Beeinflussung nach Montage des HMDs. Für die Berechnung des resultierenden Nachgiebigkeitsfrequenzganges wird die vorher kritische Eigenmode (SDOF) durch die nun mit dem HMD gekoppelte Eigenmode (2DOF) ausgetauscht. Mathematische Grundlage für diese Kopplung bietet die Gleichung (2.14), welche eine Summe darstellt und somit die Prognose durch einfach Subtraktion und Addition ermöglicht wird. Auch wird für eine genauere Abschätzung des Frequenzganges die modale Dämpfung der kritischen Eigenmode berücksichtigt. Dieser Wert wurde während der Parameteridentifikation ebenfalls ermittelt (vgl. Kapitel 4.2.3).

Die oben beschriebene Software bietet dem Anwender die Möglichkeit, einen gemessenen Frequenzgang auszuwerten und für diesen einen HMD zu berechnen. Bevor in die beiden Fallbeispiele (Kapitel 5.2 und 5.3) eingegangen wird, soll exemplarisch die in Kapitel 4.2.1 angesprochenen Werkzeugmaschinen herangezogen und für deren kritische Resonanzstellen jeweils ein HMD für den Fall der Selbsterregung ausgelegt werden. Als kritische Resonanzstellen sind diejenigen ausgesucht worden, welche im direkten Nachgiebigkeitsfrequenzgang einen deutlichen negativen Realteil verursachen und zudem eine dominante Amplitude aufweisen. Somit kann geprüft werden, ob das sich jeweils ergebende optimale Massenverhältnis μ_{opt} zwischen

Hilfsmasse und schwingender Masse einen praktisch umsetzbaren Wert ergibt. Diese Prüfung erfolgt mit Bezug auf den Erfahrungswert, dass ein Massenverhältnisse μ von 20% konstruktiv umsetzbar ist [UMBA61].

So wurden insgesamt 54 kritische Resonanzstellen von verschiedenen Werkzeugmaschinenuntersuchungen der vergangenen acht Jahre ausgewertet und für diese ein HMD unter Annahme selbsterregter Schwingungen berechnet. Es zeigt sich, dass für 70% der Resonanzstellen ein HMD mit einem optimalen Massenverhältnis μ_{opt} kleiner 20% gefunden werden konnte. Für 85% der Resonanzstellen konnte ein μ_{opt} kleiner 50% ermittelt werden (siehe Bild 5-2). Somit ist dieses Ergebnis konsistent zu dem oben genannten Erfahrungswert.

So kann geschlussfolgert werden, dass – im Falle selbsterregter Schwingungen – für eine Vielzahl von Schwingungsproblemen bei Werkzeugmaschinen der HMD eine technisch umsetzbare Lösung und nicht nur ein reines Gedankenmodell ist. In den Unterkapiteln 5.2 und 5.3 wird dies anhand zweier Fallbeispiele verdeutlicht und verifiziert.

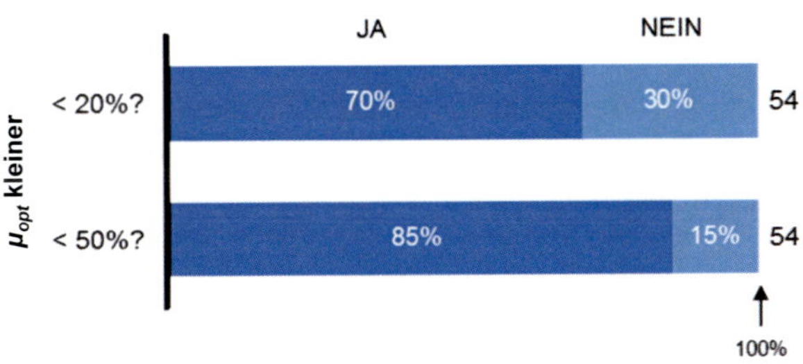

Bild 5-2: Optimales Massenverhältnis für 54 kritische Resonanzstellen
Optimal Mass Ratio for 54 Critical Resonances

5.2 Fallbeispiel I: Rumpf-3-Achs-Fahrständerfräsmaschine

Test Case I: 3-Axis Moving Column Milling Machine

Das Fallbeispiel ist eine 3-Achs-Fahrständermaschine mit vertikaler Spindel (Bild 5-3 a)). Die Spindel ist lediglich ein Äquivalent, welches über keine Funktionalität verfügt, jedoch eine für Spindelsysteme und alle weiteren Anbaukomponenten typische Masse abbildet. Demnach können mit dieser Maschine keine zerspanenden Versuche durchgeführt werden. Die drei werkzeugseitigen Achsen sind über Profilschienen (Baugröße 45) geführt und werden durch einen Kugelgewindetrieb (Ø35 mm und der Steigung P = 20 mm) angetrieben. Neben der Abwesenheit einer realen Spindel sind die Maschinenachsen zum Zeitpunkt der Untersuchung nur manuell verfahrbar. Die Achsen können nicht in Regelung betrieben werden, weshalb lediglich eine mechanische Klemmung die Achsen fixiert. Schlussendlich erscheinen diese Einschränkungen im Rahmen dieser Arbeit als nebensächlich, da die Maschine trotzdem ein für diesen Maschinentyp typisches dynamisches Nachgiebigkeitsverhalten aufweist. Darüber hinaus lässt der einfache Aufbau und die Abwesenheit aller Abdeckungen sowie der Umhausung eine Vielzahl theoretisch möglicher HMD-Wirkorte zu und ist somit ein idealer Versuchsträger für die Verifikation der in Kapitel 4 entwickelten Methode zur Ermittlung des optimalen Wirkortes.

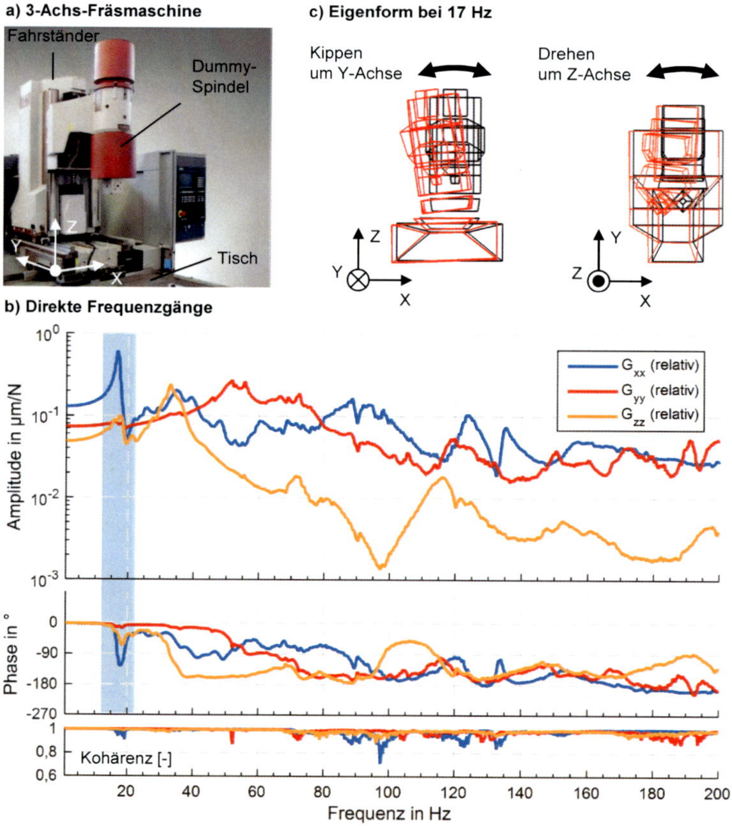

Bild 5-3: Messtechnische Untersuchung der Dummy-Werkzeugmaschine

Metrological Investigation of the Dummy-Machine Tool

Da bei dieser Maschine keine Fräsversuche möglich sind und daher die Art der Schwingungen nicht über Bearbeitungsversuche ermittelt werden kann, sollen direkte, relativ zwischen Werkzeug- und Werkstückseite angeordnete Nachgiebigkeitsfrequenzgänge in den drei Hauptkoordinatenrichtung X, Y und Z ausgewertet und so das dynamische Nachgiebigkeitsverhalten der Fräsmaschine beschrieben werden. Wie in Bild 5-3 b) zu erkennen, besitzt die Maschine bei ca. 17 Hz eine ausgeprägte dominante Resonanzstelle in X-Richtung. Der komplexe Nachgiebigkeitsfrequenzgang G_{xx} zeigt eine Resonanzüberhöhung von ca. 4,7. Im Falle einer Fremderregung der Maschinenstruktur treten aufgrund der Beziehung in Gleichung (4.2) bei dieser Frequenz starke Verlagerungsamplituden des TCP der Maschine auf. Daneben zeigt der Phasengang bei dieser Resonanzstelle einen deutlichen Abfall unter die -90°-Linie und damit einen ausgeprägten negativen Realteil. Somit existiert nach Gleichung (4.3) eine endliche Spanungsbreite *b*, deren Überschreitung zu einem instabilen Fräsprozess führen kann. Die Modalanalyse der Fräsmaschine gibt Aufschluss über die bei dieser Resonanzstelle vorliegende Schwingungsform. Bild 5-3 c) zeigt die Schwingungsform, welche im Wesentlichen durch eine Kippschwingung des Fahrständers um die Y-Achse mitsamt des X-Schlittens charakterisiert ist. Zusätzlich führt der Fahrständer noch eine Drehschwingung um die Z-Achse aus.

Für diese dominante Resonanzstelle sollen für die Fälle fremd- und selbsterregter Schwingungen zwei einfache HMDs ausgelegt und umgesetzt werden. Der HMD besteht in diesem Beispiel aus einer einfachen schwingenden Hilfsmasse (mehrere verschraubte Stahlplatten) und bis zu sechs Elastomerkoppelelementen mit definierten Steifigkeits- und Dämpfungseigenschaften.

Dynamisches Verhalten von Elastomerelementen

Die Dämpfungseigenschaften von Elastomerkoppelelementen werden in Herstellerkatalogen üblicherweise mit der sogenannten Shore Härte *H* ausgewiesen. Die Shore Härte gibt eine Orientierung über das Dämpfungsmaß an, wobei eine größere Shore Härte in einem größeren Dämpfungsmaß resultiert. Allerdings ist die tatsächlich Höhe des Dämpfungsmaßes stark von dem Arbeitspunkt, der Einbausituation und der Charge abhängig. Hierzu wurde in [UMBA61] das Steifigkeits- und Dämpfungsverhalten von verschiedenen Kautschukmischungen in Abhängigkeit von der Temperatur, der Schwingungsfrequenz und der Wechselkraftamplitude untersucht. Insbesondere hinsichtlich der Temperatur zeigt das Dämpfungsverhalten von Elastomerelementen eine sehr starke Abhängigkeit. Im unteren Temperaturbereich, dem linearelastischen Bereich, ist die Dämpfung sehr gering. Die Moleküle befinden sich in einem glasig-amorphen Zustand. Im mittleren Temperaturbereich, dem sogenannten Dispersionsgebiet, befindet sich das Dämpfungsmaximum. Die Moleküle werden zunehmend beweglich und es stellt sich ein viskoelastisches Verhalten infolge der inneren Reibung ein. Wird die Temperatur weiter erhöht nimmt die Dämpfung wieder kleinere Werte an und bleibt relativ konstant. Bild 5-4 a) zeigt dieses charakteristische Verhalten für drei exemplarische Kautschukmischungen. Bei sehr hohen Temperatur fängt der Werkstoff an zu fließen und verhält sich rein viskos.

Auch bezüglich der Frequenz ist das Dämpfungsmaß nicht konstant. So zeigt Bild 5-4 b) das Verhalten sechs unterschiedlicher Kautschukmischungen bei verschiedenen Erregungsfrequenzen. Während fünf von sechs Mischungen mit ansteigender Frequenz ein höheres Dämpfungsmaß zeigen, reduziert sich das Dämpfungsmaß für die Mischung B4.

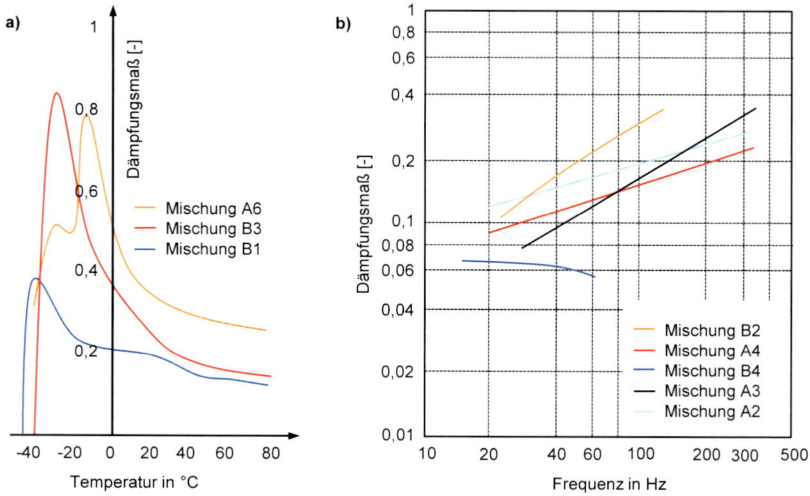

Bild 5-4: Abhängigkeit der Dämpfung von der Temperatur und Frequenz nach [UMBA61]
Influence of Temperature and Frequency on Damping

Die Ergebnisse aus [UMBA61] geben einen Hinweis darauf, dass bei einem Einsatz von Elastomerdämpferelementen in HMDs eine genaue Bestimmung der dynamischen Eigenschaften im Arbeitspunkt notwendig ist. Zur Vermeidung umfangreicher empirischer Versuche an der Maschine selbst soll zur Bestimmung der dynamischen Eigenschaften der eingesetzten Elastomerelemente der in Bild 5-5 dargestellte Versuchsstand verwendet werden.

Dieser Prüfstand wurde so konstruiert, dass er annähernd ein SDOF-Verhalten aufweist, wobei die Steifigkeits- und Dämpfungseigenschaften einerseits durch den Prüfling, also das Elastomerelement, andererseits durch die parallel geschalteten Federn der Vorspanneinheit definiert werden. Die schwingende Masse aus Stahl ist mit einem Beschleunigungssensor ausgestattet und wird über einen elektromechanischen Absoluterreger direkt dynamisch angeregt. Über die Vorspanneinheit kann der Prüfling definiert vorgespannt werden, wobei die der Erregerkraft gleichgerichtete Vorspannkraft durch eine im direkten Kraftfluss liegende piezoelektrische Kraftmesszelle gemessen werden kann. Die Kraftmesszelle misst zudem die dynamische Krafterregung, sodass während der Messung aus dem Kraft- und Beschleunigungssignal der Nachgiebigkeitsfrequenzgang ermittelt werden kann. Mittels gemessener Eigenfrequenz am Prüfstand und bekannter schwingender Masse kann die Steifigkeit des jeweiligen Prüflings ermittelt werden. Über das Circle-Fit-Verfahren oder die sogenannte Wurzel-2-Methode [MAIA97] kann mit Hilfe des Frequenzganges zudem die modale Dämpfung des SDOF ermittelt werden. Diese Dämpfung entspricht in diesem Fall der des Elastomerelementes. Somit können eine Vielzahl typischer Elastomerelemente unter verschiedenen Randbedingungen (Vorlast, Wechselkraftamplitude, Schwingungsfrequenz und Temperatur) messtechnisch untersucht und deren Steifigkeit und Dämpfung im Arbeitspunkt hinreichend genau ermittelt werden.

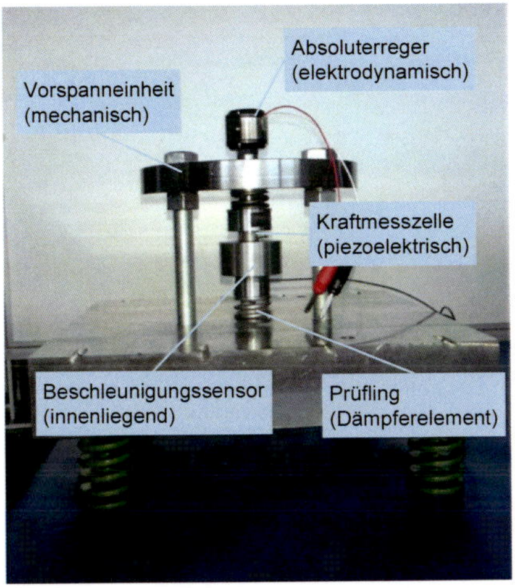

Bild 5-5: Prüfstand zur Ermittlung der Eigenschaften von Dämpfungselementen
Test Bench for Measuring the Dynamic Behavior of Damping Elements

Für die in diesem Kapitel untersuchten Fallbeispiele wurden insgesamt acht verschiedene kommerzielle Elastomerdämpfer mit unterschiedlichen Eigenschaften untersucht. Bild 5-6 zeigt einige typische Bauformen kommerziell erhältlicher Elastomerdämpfer, wovon in dieser Arbeit die linke Bauart verwendet wurde.

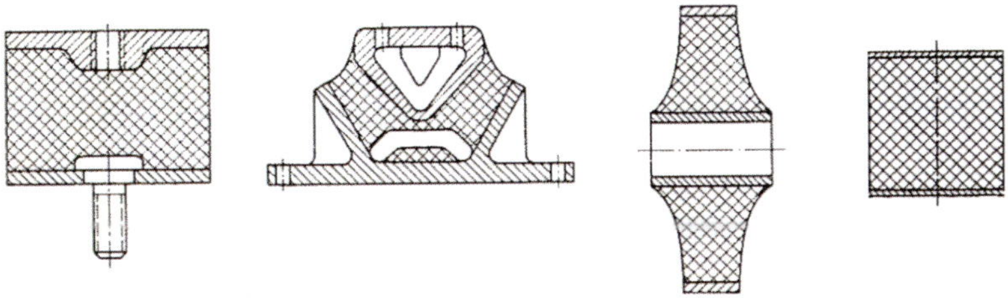

Bild 5-6: Typische Bauformen kommerzieller Elastomerdämpfer nach [VERE09]
Types of Elastomeric Dampers

Um Streuungen innerhalb der jeweiligen Charge zu erkennen, wurden von jedem Dämpfertyp mindestens fünf gleiche Dämpferelemente in der Untersuchung betrachtet (siehe Bild 5-7 a)), wobei *k* die vom Hersteller angegebene Steifigkeit darstellt. Allein der direkte Vergleich einzelner Dämpfer vom gleichem Typ hat gezeigt, dass die tatsächliche Steifigkeit baugleicher Elastomerdämpfer des ausgewählten Lieferanten, bei sonst gleichen Bedingungen, Streuungen der Steifigkeit von mehr als 70% aufweisen können. Dies lässt sich anhand der Variation der gemessenen Resonanzfrequenzen zeigen (vgl. Beispiel in Bild 5-7 b)).

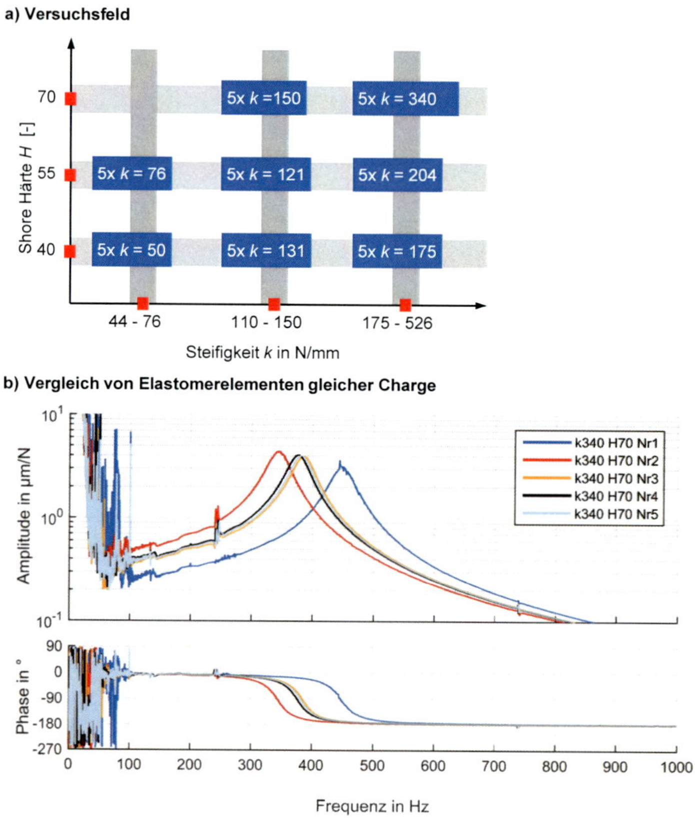

Bild 5-7: Vergleich von Elastomerelementen gleicher Charge
Comparison of Elastomeric Dampers of the Same Type

Werden Dämpferelemente mit unterschiedlicher Steifigkeit jedoch gleicher Shore Härte sowie gleiche Dämpferelemente bei unterschiedlichen Vorspannungen untersucht, so sind ebenfalls die starken Abhängigkeiten deutlich nachweisbar, vgl. Bild 5-8 a) und b). Folglich muss festgestellt werden, dass die Shore Härte kein geeignetes Maß ist, um auf die tatsächliche Dämpfung schließen zu können. Ferner sind die Katalogwerte der Hersteller nicht aussagekräftig genug, um zielgerichtet HMDs auszulegen. Vielmehr wird empfohlen, jedes eingesetzte Dämpferelement einzeln zu untersuchen, bevor diese in einem HMD verbaut werden.

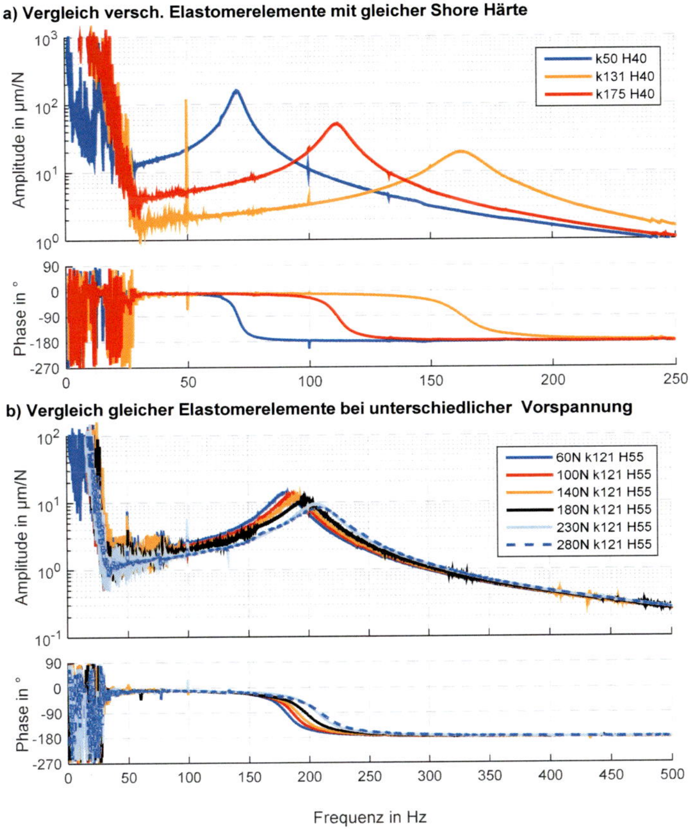

Bild 5-8: Gleiche Shore Härte und unterschiedliche Vorspannung

Same Shore Hardeness and Different Preload

Ermittlung des optimalen Wirkortes

Im nächsten Schritt muss der optimale Wirkort für den HMD gefunden werden. Bild 5-9 oben links zeigt die Geometrieapproximation der Maschine aus der Modalanalyse. Auf Basis der in der Modalanalyse gewonnenen Erkenntnisse über die Schwingungsform (Kippen und Drehen des Fahrständers) kommen mehrere Wirkorte in Betracht, an denen große Schwingungsamplituden vorliegen und damit eine hohe Wirksamkeit des HMDs wahrscheinlich ist. Die Wirkorte 1 bis 7 sollen im Weiteren exemplarisch verglichen werden.

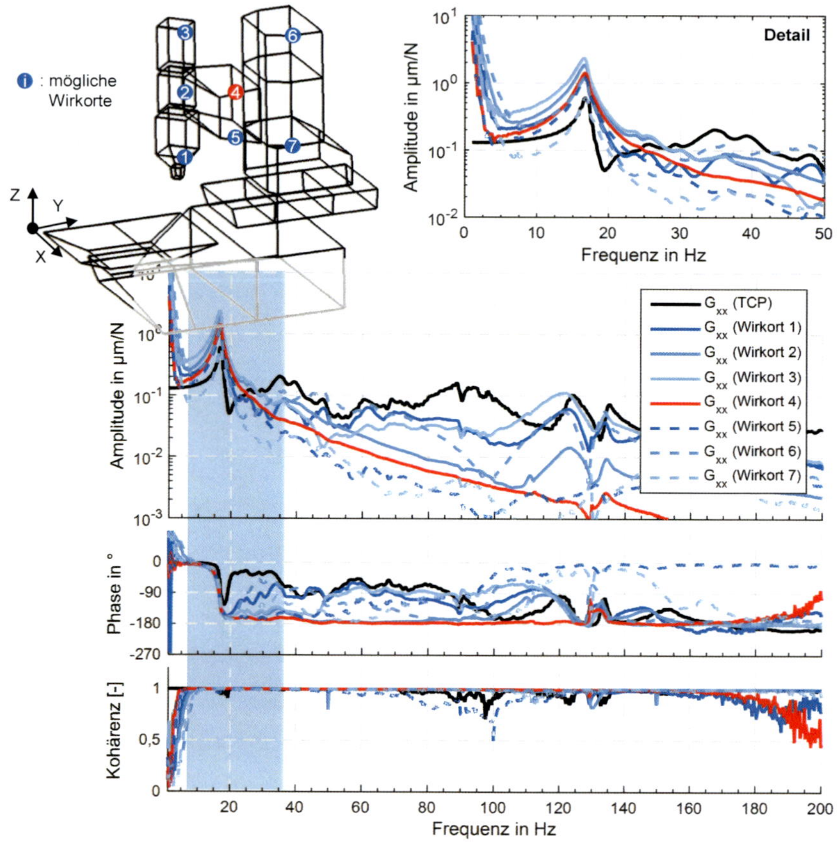

Bild 5-9: Vergleich unterschiedlicher Wirkorte

Comparison of Different Possible Tuned Mass Damper Positions

Um die dynamischen Charakteristika der verschiedenen Wirkorte vergleichen zu können, werden absolut gemessene Nachgiebigkeitsfrequenzgänge aufgenommen. Zur Erregung der Maschinenstruktur am möglichen Wirkort wird ein Impulshammer der Fa. PCB Piezotronics Inc. mit einer Gesamtmasse von ca. 5,5 kg verwendet. Zusammen mit einer sehr weichen Hammerspitze konnte die Maschine an den Wirkorten ab einer Frequenz von ca. 5 Hz ausreichend angeregt werden. Die Kohärenzfunktion zeigt erste Werte oberhalb von 80% ab dieser Frequenz auf. Die auftretenden Beschleunigungen wurden über einen einachsigen Beschleunigungssensor der Fa. Brüel & Kjaer GmbH aufgenommen und anschließend zweifach integriert, sodass sich die Verlagerung des Messpunktes ergibt. Aus diesen Messsignalen (Verlagerung und Kraft) kann der entsprechende Frequenzgang berechnet werden.

Zum Vergleich der gemessenen Frequenzgänge an den sieben Wirkorten sollen im ersten Schritt die Amplitudengänge im Frequenzbereich der kritischen Resonanzstelle 5 bis 35 Hz (blau unterlegter Bereich im FRF des Bild 5-9) untersucht werden. Wie im Detail (Bild 5-9 oben rechts) zu erkennen, zeigt der Wirkort 3 (gefolgt von Wirkort 2 und 4) die größten Amplituden an der kritischen Resonanzstelle. Diese Stelle erfährt die maximale Schwingungsamplitude hinsichtlich der Kipp- und Drehschwingung. Zum Vergleich hat Wirkort 1 infolge eines kürzeren Hebels hinsichtlich der Kippschwingung nur noch eine halb so hohe Nachgiebigkeitsamplitude.

Nachdem die Wirkorte 2, 3 und 4 die größten Amplituden aufweisen, soll im nächsten Schritt das dynamische Verhalten der Maschinenstruktur an den Wirkorten außerhalb des kritischen Frequenzbereiches bewertet werden. Nach Kapitel 4.2.2 ist es das Ziel, einen Wirkort mit einem SDOF-Verhalten zu finden, dessen einzige Resonanzstelle infolge der kritischen Eigenmode hervorgerufen wird. Im direkten Vergleich der FRFs an den Wirkorten 2, 3 und 4 fällt auf, dass die Krafteinleitung an den Wirkorten 2 und 3, neben der kritischen Resonanzstelle auch andere Resonanzstellen anregen und damit beeinflussen wird. Erst durch eine experimentelle oder simulative Kopplung des HMDs an diese Stelle lässt sich sagen, ob die anderen Resonanzstellen in einem zulässigen Maße durch den HMD beeinflusst werden. Der Wirkort 4 (rote Linie) weist hingegen ein annäherndes SDOF-Verhalten bis über 100 Hz auf, sodass eine Positionierung des HMD an dieser Stelle lediglich die kritische Resonanzstelle beeinflussen wird.

Insgesamt kann festgehalten werden, dass am Wirkort 4 zwar nicht die größte Schwingungsamplitude vorliegt, da der Wirkort nahe der Rotationsachse des Drehschwingungsanteil der Eigenmode bei 17 Hz liegt, jedoch zu keiner negativen Beeinflussung des dynamischen Verhaltens des TCP oberhalb der kritischen Resonanzstelle führen wird. Auch aus konstruktiver Sicht ist an dieser Position ausreichend Raum, um die Hilfsmasse aufzunehmen, sodass abschließend dieser Wirkort als optimal bezeichnet werden kann. Aus dem direkten Vergleich der Realteile der Nachgiebigkeitsfrequenzgänge am TCP und Wirkort kann ein Hebelsummand von 0,05 µm/N ermittelt werden (vgl. Kapitel 4.2.2), welcher für die weitere analytische Auslegung berücksichtigt werden muss.

Zur Darstellung der Wirkungsweise des HMD soll schon an dieser Stelle die Modalanalyse der Maschine mit installiertem HMD betrachtet werden, wenngleich dieser Schritt im Sinne der Auslegungsmethode nicht nötig ist. So zeigt Bild 5-10 a) den installierten HMD am Wirkort 4 auf dem Z-Schlitten der Maschine. Wie in Kapitel 4 gezeigt, spaltet sich bei optimaler Abstimmung und Konstruktion des HMDs die kritische Eigenfrequenz in zwei neue Resonanzstellen auf. Hierbei bleibt die Grundschwingungsmode (in diesem Fallbeispiel die Kipp- und Drehschwingung) erhalten, wobei der HMD sowohl gleichphasig, als auch gegenphasig zur Hauptschwingungsform schwingt. Führt der HMD eine gleichphasige Bewegung zur Maschinenstruktur aus, erhöht sich die modale Masse, weshalb die neue Eigenfrequenz kleiner wird,

Bild 5-10 b). Führt der HMD eine gegenphasige Schwingung aus, so verringert sich die modale Masse, sodass die Eigenfrequenz steigt, Bild 5-10 c). Durch diese Relativgeschwindigkeit zwischen Maschinenstruktur und HMD wird die notwendige Dämpfungskraft erzeugt.

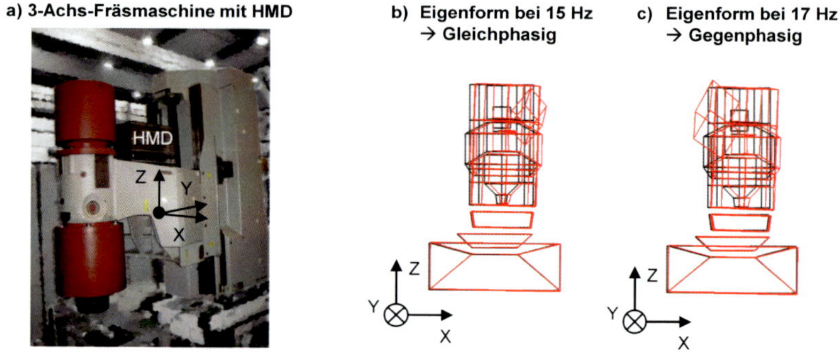

Bild 5-10: HMD am optimalen Wirkort
Tuned Mass Damper at the Optimal Position

Parameteridentifikation

Nach dem Vorgehen in Bild 4-2 muss nach Identifikation des optimalen Wirkortes der FRF am TCP gefittet und so die modalen Parameter (Masse, Steifigkeit und Dämpfung) des zu bedämpfenden Systems ermittelt werden. Wie in Kapitel 4.2.3 dargelegt, wird hierfür die P-LSCF-LSFD-Methode angewandt. Der zu fittende Frequenzbereich wird auf 200 Hz begrenzt und alle darüber liegenden Resonanzstellen als oberes Residuum approximiert. Für einen optimalen Fit konnte eine Ordnung von 80 ermittelt werden, sodass abschließend die folgenden modalen Parameter der kritischen Eigenfrequenz aus dem FRF lauten: m_1 = 2654 kg, k_1 = 30,2 N/µm und D_1 = 3,3%. Als Eigenfrequenz wurde damit 16,98 Hz ermittelt. Der CSF_R liegt im Bereich 0 bis 200 Hz stets über 90% mit einem Minimum bei ca. 90 Hz von 92,6%. Somit bildet dieser Fit das dynamische Verhalten, insbesondere auch den Realteil des komplexen Nachgiebigkeitsfrequenzgang, ausreichend genau ab. Nachdem eine mathematische Beschreibung des Nachgiebigkeitsverhaltens gefunden worden ist, kann die kritische Resonanzstelle isoliert und das obere Residuum *UR* aus dem dynamischen Verhalten oberhalb der Resonanzstelle ermittelt werden.

Zur Ermittlung des oberen Residuums wird das gesamte dynamische Verhalten oberhalb der kritischen Resonanzstelle isoliert betrachtet. Ergibt die Summe der oberen Polstellen sowie dem zusätzlichen oberen Residuum im Bereich der kritischen Resonanzstelle ein annähernd proportionales Verhalten, so entspricht dieser Wert dem oberen Residuum, welcher für die Berechnung der HMD Eigenschaften herangezogen wird. Ist das Verhalten nicht proportional, muss mit einer fehlerhaften Abschätzung der optimalen Hilfsmasse gerechnet werden. Es empfiehlt sich eine Abschätzung zur sicheren Seite. Dies kann erreicht werden, indem aus dem nun nichtproportionalen Bereich das Minimum gewählt wird. Abschließend sind nun alle Eingangsparameter für die analytische Auslegung nach den Kapiteln 4.3 und 4.4 vorhanden.

Auslegung für Fremderregung

Geht man von fremderregten Schwingungen in einem theoretischen Bearbeitungsprozess aus, so muss im ersten Schritt eine maximal zulässige Resonanzüberhöhung bzw. eine maximale Amplitude vorgegeben werden. Im vorliegendem Fall soll eine maximale Resonanzüberhöhung von ca. 2 zugelassen werden, was etwa einer maximalen Amplitude $|G_{xx}|_{max}$ von 0,3 µm/N entspricht und so der vorherige Amplitudengang (Bild 5-11, blauer Graph) um 160% reduziert wird. Unter Berücksichtigung der modalen Eigenschaften der kritischen Resonanzstelle bei 17 Hz und dem Hebelsummanden (vgl. Kapitel 4.2.2) von 0,05 µm/N kann das optimale Hilfsmasseverhältnis und so das optimale Frequenz- und Dämpfungsverhältnis bestimmt werden. Somit ergibt sich eine theoretisch optimale Hilfsmasse m_2 von 43,8 kg, einer Steifigkeit k_2 von 0,48 N/µm und einem Dämpfungsmaß D_2 von 7,8%. Mit Hilfe der in Kapitel 5.1 beschriebenen Software konnte abschließend eine Prognose für den sich ergebenden Frequenzgang der Fräsmaschine mit HMD berechnet werden (Bild 5-11, roter Graph).

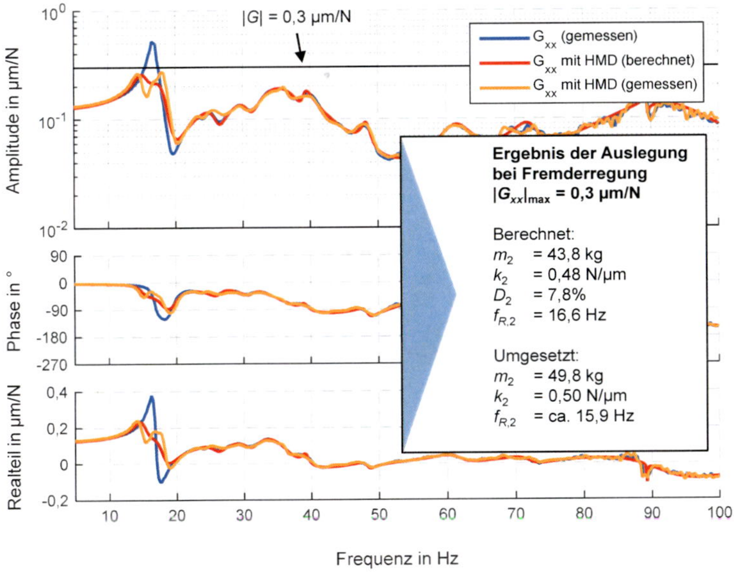

Bild 5-11: Nachgiebigkeitsfrequenzgänge mit/ohne HMD bei Fremderregung
FRF with and without Tuned Mass Damper for External Vibrations

Aufgrund der physikalischen Eigenschaften der eingesetzten Hilfsmasse und Elastomerdämpfer konnten diese theoretischen Werte nicht ideal umgesetzt werden (vgl. Kasten in Bild 5-11). Dennoch liegen die Ergebnisse des abschließend messtechnisch ermittelten am TCP sehr nahe am prognostizierten Frequenzgang. Der CSF_R zwischen dem berechneten und dem gemessenen FRF liegt im Bereich der kritischen Resonanzstelle über 89%. Insbesondere wurde die Resonanzüberhöhung auf den gewünschten Wert reduziert.

Auslegung für Selbsterregung

Geht man nun von selbsterregten Schwingungen im Bearbeitungsprozess aus, welche durch den ausgeprägten negativen Realteil der ersten kritischen Resonanzstelle hervorgerufen werden (vgl. Bild 5-12, blauer Graph), müssen die Gleichungen aus Kapitel 4.4 herangezogen werden. In diesem Fallbeispiel soll kein negativer Realteil zugelassen werden, sodass die optimale Hilfsmasse so berechnet werden muss, dass der Realteil im Bereich der kritischen Resonanzstelle gerade Null wird. Über Gleichung (4.45) kann das Massenverhältnis berechnet werden, welches notwendig ist, den Realteil mit Hilfe des HMDs auf Null zu verschieben. Hieraus ergeben sich über die Gleichungen (4.41) und (4.42) das optimale Frequenz- und Dämpfungsverhältnis. Im Anschluss lässt sich erneut ein Frequenzgang prognostizieren, welcher das dynamische Verhalten der Maschine inklusive des HMDs abbildet (Bild 5-12, roter Graph).

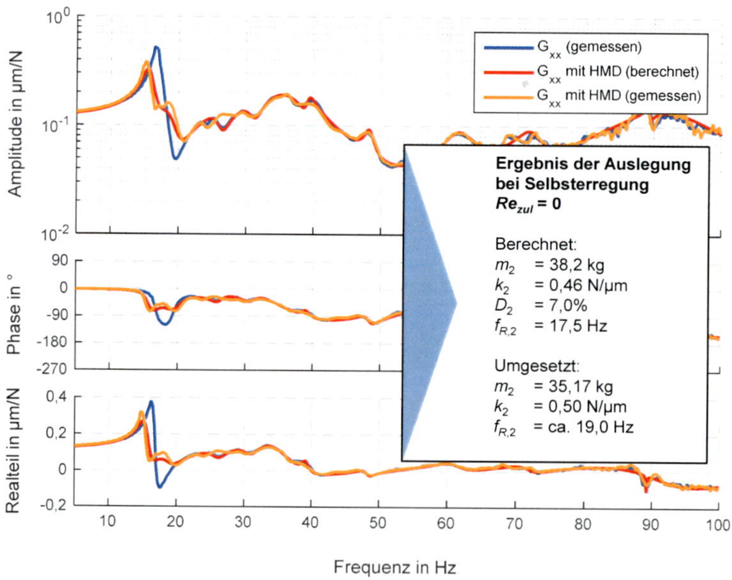

Bild 5-12: Nachgiebigkeitsfrequenzgänge mit/ohne HMD bei Selbsterregung
FRF with and without Tuned Mass Damper for Self-excited Vibrations

Im Falle der Selbsterregung ergibt sich so eine optimale Hilfsmasse m_2 von 38,2 kg, eine Steifigkeit k_2 von 0,46 N/µm und ein Dämpfungsmaß D_2 von 7,0%. Wieder zeigen die prognostizierten und gemessenen Graphen eine gute Übereinstimmung und insbesondere konnte der Realteil der Maschine vollständig in den positiven Bereich angehoben werden (Bild 5-12, gelber Graph). In diesem Fall liegt der CSF_R zwischen berechnetem und gemessenen FRF im Bereich der kritischen Resonanzstelle über 92%. Es ist jedoch festzustellen, dass abermals die theoretischen Werte für den HMD nicht eins zu eins umgesetzt werden konnten (vgl. Bild 5-12, Kasten). Insbesondere liegt die physikalisch optimale Hilfsmasse bei nur 35,17 kg anstelle der prognostizierten 38,2 kg. Somit ist die berechnete Masse eine zu hohe Masse, was jedoch einer Abschätzung zur sicheren Seite gleich kommt, da insbesondere bei der Umsetzung einer noch größeren Hilfsmasse eine weitere Anhebung des Realteils zur Folge hat.

Bild 5-13 zeigt das Stabilitätsdiagramm für einen einfachen simulierten Vollnuten-Fräsprozess mit einem zweischneidigen Werkzeug, dem spezifischen Schnittkraftkoeffizient k_{cb} von 1800 N/mm^2 und einem Überdeckungsfaktor μ von 1. Zur Berechnung des Diagramms wurden die Gleichungen (2.18) und (2.20) verwendet. Durch den Einsatz des HMDs und damit der Eliminierung der kritischen Resonanzstelle bei 17 Hz, konnte die minimale kritische Schnitttiefe vergrößert werden. Die Schnitttiefe schlägt sich linear im maximalen Zerspanungsvolumen nieder, wodurch die Produktivität der Maschine deutlich vergrößert werden kann.

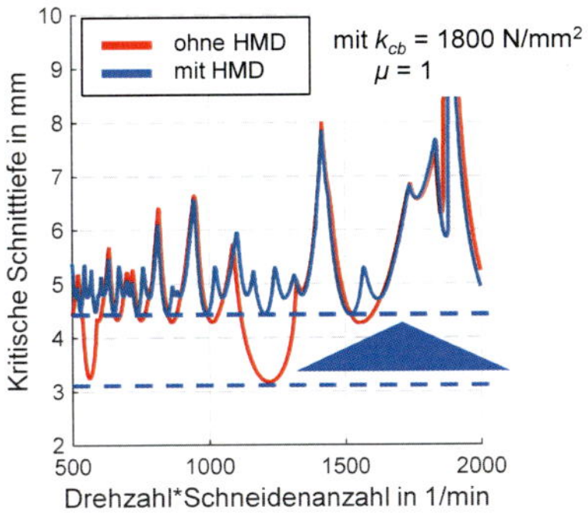

Bild 5-13: Simuliertes Stabilitätsdiagramm für einen einfachen Fräsprozess

Simulated Stability Lobe for a Simple Cutting Process

5.3 Fallbeispiel II: Fahrständerfräsmaschine

Test Case II: Milling Machine

Das zweite Fallbeispiel soll an einem weiteren vertikalen Bearbeitungszentrum in Fahrständerbauweise durchgeführt werden (vgl. Bild 5-14 a)). Die Maschine besitzt eine direkt angetriebene 42 kW Spindel mit HSK 63 Werkzeugschnittstelle und einer 840D Powerline Steuerung der Fa. Siemens AG. An einem ausgewählten Betriebspunkt (vgl. Bild 5-14 b)) kommt es während der spanenden Bearbeitung ab einer Schnitttiefe a_p von 5 mm zu unerwünschten Schwingungen.

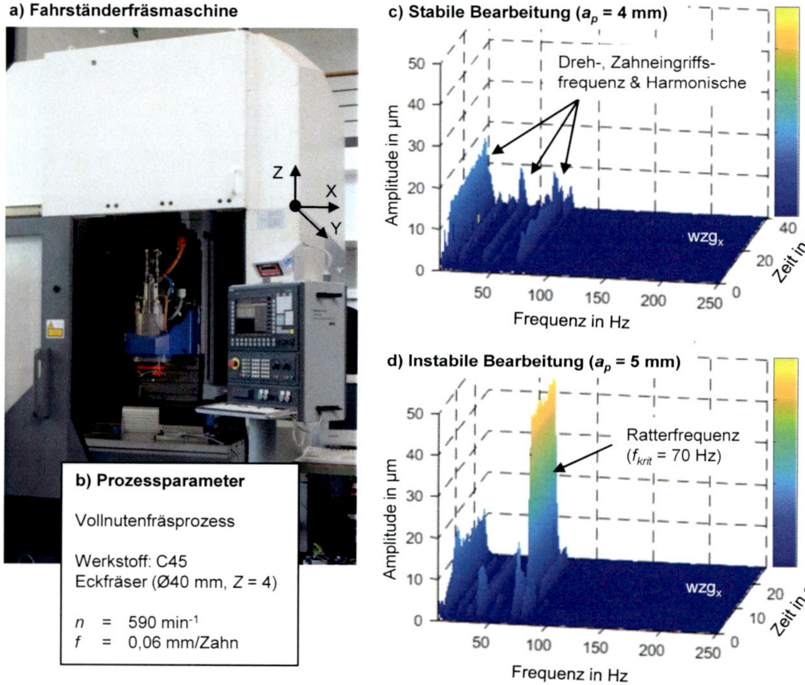

Bild 5-14: Bearbeitungsversuche auf einem vertikalen Bearbeitungszentrum
Cutting Tests on a Vertical Milling Machine

Analog zu dem Messaufbau in Bild 4-5 in Kapitel 4.2.1 wurden die auftretenden Schwingungen während der Bearbeitung mittels gekapselter, triaxialer Beschleunigungssensoren der Fa. pcb Piezotronics Europe GmbH messtechnisch erfasst. Bild 5-14 zeigt den Verlauf der zweifach integrierten Beschleunigungsamplituden über der Zerspanzeit und über der Frequenz für einen stabilen c) und einen instabilen Bearbeitungsprozess d). Im Falle einer Schnitttiefe a_p von 4 mm sind lediglich die

Drehfrequenzen der Spindel (plus deren harmonischen Frequenzen) als auch die Zahneingriffsfrequenz (plus die Harmonischen) dominant. Ab einer Schnitttiefe a_p von 5 mm wird die Zerspanung instabil, sodass bei einer Ratterfrequenz von ca. 70 Hz eine dominante Schwingung auftritt, welche eine um den Faktor 5 größere Amplitude in der X-Richung auf der Werkzeugseite aufweist.

Der Nachgiebigkeitsfrequenzgang am TCP der Maschine zeigt bei ca. 66 Hz eine Resonanzstelle mit deutlich ausgeprägten negativen Realteil in der X-Richtung (vgl. Bild 5-15 a)), welche ursächlich für die selbsterregten Schwingungen im Bearbeitungsprozess ist. Der HMD muss daher so ausgelegt werden, das der Realteil bei dieser kritischen Resonanzfrequenz angehoben und somit der negative Anteil des Realteils eliminiert wird.

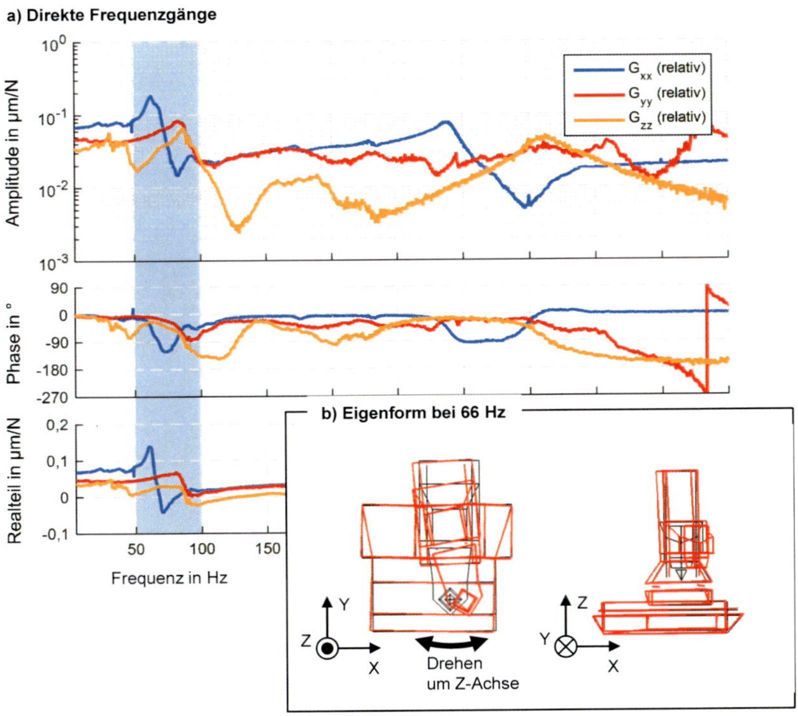

Bild 5-15: Nachgiebigkeitsfrequenzgang und Modalanalyse der WZM
FRF and Modal Analysis of the Machine Tool

Um den optimalen Wirkort für den HMD zu finden, muss eine experimentelle Modalanalyse der Maschine durchgeführt werden. In Bild 5-15 b) ist zu erkennen, dass die kritische Resonanzstelle bei 66 Hz durch eine Drehschwingung des Fahrständers um die Z-Achse geprägt ist. Angelehnt an das in Kapitel 4.2.2 vorgeschlagene Vorgehen konnte nach Prüfung der möglichen Wirkorte die Vorderseite des Spindelkastens als optimaler Wirkort für den HMD identifiziert werden (vgl. Bild 5-16 b)). Hierbei ergab sich während des Vergleichs der beiden komplexen Nachgiebigkeitsfrequenzgänge am TCP der Maschine und am Wirkort ein Hebelsummand von 0,015 µm/N, welcher bei der weiteren Auslegung berücksichtigt werden muss. Über den P-LSCF-LSFD-Ansatz aus Kapitel 4.2.3 wird der relative Nachgiebigkeitsfrequenzgang der Maschine zwischen Werkzeug und Werkstück approximiert. Ein Fit des Frequenzbereiches von 1 bis 500 Hz mit einer Ordnung von 60 und unter Berücksichtigung des oberen Residuums liefert insbesondere im Bereich der kritischen Resonanzstelle einen CSF_R von über 98%.

Wie auch schon in Bild 5-15 a) zu erkennen, weist der Nachgiebigkeitsfrequenzgang G_{xx} (blauer Graph) zwei Resonanzstellen unterhalb der kritischen Resonanzstelle auf. Es zeigt sich jedoch, dass der Realteil dieser beiden Resonanzstellen im Bereich der eigentlich kritischen Resonanzstelle vernachlässigt werden kann. So kann abermals das dynamische Verhalten unterhalb der kritischen Resonanzstelle bei der HMD Auslegung vernachlässigt und die Gleichungen aus Kapitel 4.4 angewandt werden.

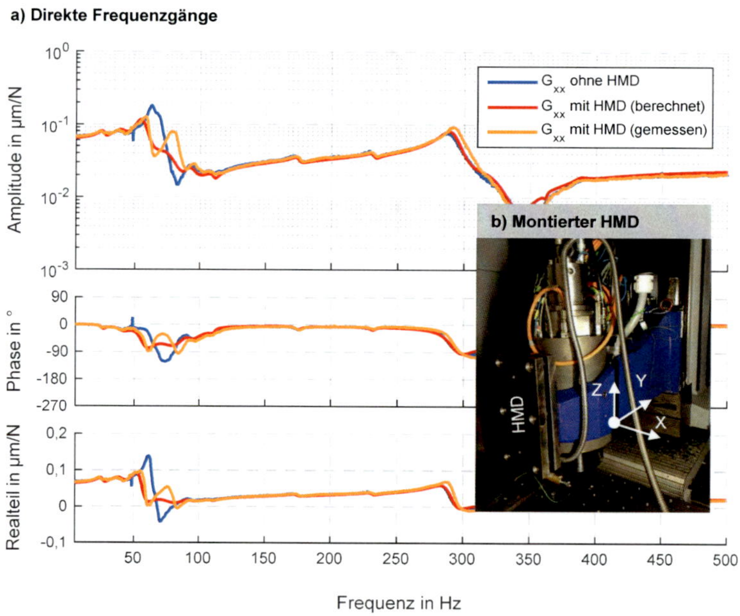

Bild 5-16: Nachgiebigkeitsfrequenzgang mit und ohne HMD

Frequency-response Function with and without Tuned Mass Damper

Rechnerisch ergibt sich nach Gleichung (4.45) eine optimales Massenverhältnis von nur 6,4% und somit eine Hilfsmasse von ca. 17,6 kg. Nach Gleichung (4.41) ergibt sich anschließend eine optimale Steifigkeit von 3,17 N/µm. Das optimale Dämpfungsmaß berechnet sich nach Gleichung (4.42) zu 13,6%. Während Masse und Steifigkeit des HMDs durch die vorhandenen Stahlmassen und Dämpfungselemente nahezu umgesetzt werden konnte (umgesetzte Masse: 15,4 kg und Steifigkeit: 2,8 N/µm), konnte das optimale Dämpfungsmaß mit den vorhandenen Dämpfungselementen nicht erreicht werden (umgesetztes Dämpfungsmaß: ca. 5%). Wie in Bild 5-16 zu erkennen, ist der mit optimalem Dämpfungsmaß berechnete Frequenzgang (roter Graph) deutlich gedämpfter als der gemessene Frequenzgang (gelber Graph). Wie schon in Kapitel 5.2 erwähnt, liefern die Gleichungen aus Kapitel 4 eine Abschätzung zur sicheren Seite, sodass die nicht optimale Dämpfung des umgesetzten HMDs kompensiert wird und der Realteil dennoch auf Werte nahe Null angehoben werden kann.

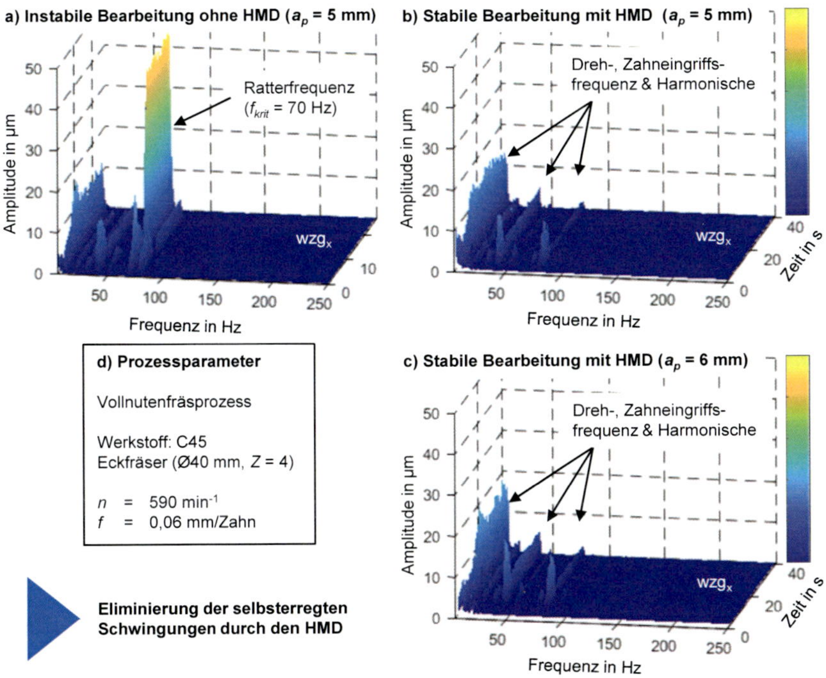

Bild 5-17: Vergleich der Bearbeitung mit und ohne HMD

Comparison of Cutting Tests with and without the Tuned Mass Damper

Nachdem nun der optimale HMD für die Eliminierung der selbsterregten Schwingungen infolge der kritischen Resonanzstelle bei 66 Hz montiert worden ist, sollen erneute Bearbeitungsversuche die Stabilität beweisen. Bild 5-17 a) zeigt zum Vergleich erneut die Schwingungsamplitude für die Bearbeitung ohne HMD bei einer Schnitttiefe a_p von 5 mm mit der ausgeprägten Schwingungsamplitude bei der Ratterfrequenz f_{krit} von 70 Hz. In Bild 5-17 b) ist der Schwingungsamplitudenverlauf bei der gleichen Schnitttiefe dargestellt. In diesem Fall tritt keine ausgeprägte Schwingungsamplitude bei der Ratterfrequenz auf. Der Bearbeitungsprozess ist stabil.

Darüber hinaus konnte die Schnitttiefe weiter erhöht werden, bis die Leistungsgrenze der Hauptspindel bei einer Schnitttiefe von 7 mm erreicht wurde. So zeigt Bild 5-17 b) den Schwingungsamplitudenverlauf bei einer Schnitttiefe von 6 mm, welcher ebenfalls als stabil zu bewerten ist. Schlussendlich ist nun nicht mehr das dynamische Nachgiebigkeitsverhalten der Maschine Grund für deren begrenzte Produktivität, sondern die Leistung der Hauptspindel.

5.4 Fazit

Conclusion

In diesem Kapitel wurde die hergeleitete Methode aus Kapitel 4 und insbesondere die analytischen Gleichungen aus den Unterkapiteln 4.3 und 4.4 angewandt und ihre Gültigkeit in der Praxis verifiziert. In Kapitel 5.1 wurde gezeigt, dass eine Vielzahl kritischer Resonanzstellen, welche einen negativen Realteil verursachen, so mit einem HMD ausgestattet werden können, dass der negative Realteil eliminiert werden kann. Instabile Bearbeitungsprozesse infolge der zuvor kritischen Resonanzstellen sind nicht mehr möglich. Es wurde zudem geprüft, wie groß die optimalen Hilfsmassen sein müssen, welche für eine Eliminierung des negativen Realteils notwendig sind. Es konnte gezeigt werden, dass für 70% der untersuchten Resonanzstellen das optimale Massenverhältnis μ_{opt} kleiner als 20% ist. Eine solches Verhältnis ist laut [UMBA61] eine für Werkzeugmaschinen übliche, in der Industrie konstruktiv umsetzbare Größe. So kann geschlussfolgert werden, dass der HMD prinzipiell für eine Vielzahl kritischer Resonanzstellen eine mögliche Optimierungsmaßnahme darstellt und regenerativem Rattern damit begegnet werden kann.

Neben der theoretischen Betrachtung der Anwendbarkeit von HMDs zur Reduktion von selbsterregten Schwingungen wurden in den Kapitel 5.2 und 5.3 zwei Werkzeugmaschinen mit verschiedenen HMDs unter Anwendung der in dieser Arbeit hergeleiteten Gleichungen ausgestattet.

Die Rumpf-3-Achs-Fahrständerfräsmaschine aus dem ersten Fallbeispiel weist bei ca. 17 Hz eine kritische Resonanzstelle auf. Diese ist zum einen durch eine ausgeprägte Resonanzstelle, zum anderen durch einen deutlichen Abfall des Realteils in den negativen Bereich geprägt. Somit ergeben sich sowohl für den Fall einer Fremderregung als auch für den Fall der Selbsterregung Optimierungsmöglichkeiten. Für den Fall der Fremderregung konnte die Resonanzstelle mit Hilfe des HMDs um den gewünschten Faktor reduziert und auf eine maximale Resonanzüberhöhung von 2 begrenzt werden. Insbesondere gab es zwischen dem vorab berechneten und dem gemessenen Frequenzgang am TCP der Maschine nach Montage des HMDs eine gute Übereinstimmung. Auch für den Fall der Selbsterregung konnte ein HMD erfolgreich ausgelegt werden. Der vorher deutliche negative Realteil wurde vollständig eliminiert. Eine ebenfalls gute Übereinstimmung zwischen berechnetem und gemessenem Nachgiebigkeitsfrequenzgang nach Montage des HMDs lässt schließen, dass die Methode auch in der Praxis ausreichend genau ist.

Als Nebenerkenntnis aus diesem Fallbeispiel hat sich gezeigt, dass die für den HMD eingesetzten Elastomerdämpfer deutlich von ihren Katalogwerten abweichen können. Dies wurde über einen separaten Prüfstand nachgewiesen, welcher die Einzeluntersuchung des dynamischen Verhaltens eines jeden Dämpferelementes im Arbeitspunkt ermöglicht. Somit sollte vor jeder Implementierung des HMDs an einer Werkzeugmaschine sicher gestellt werden, welche Eigenschaften (Steifigkeit und Dämpfung) die Koppelelemente tatsächlich besitzen.

Das zweite Fallbeispiel behandelte ein weiteres mittleres Bearbeitungszentrum in Fahrständerbauweise. Die Maschine weist in einem ausgewählten Betriebspunkt einen instabilen Bearbeitungsprozess auf. Eine Resonanzstelle bei 66 Hz mit ausgeprägten negativen Realteil ist hier als Ursache zu nennen. So wurde mit den Gleichungen für selbsterregte Schwingungen aus Kapitel 4.4 ein HMD ausgelegt und implementiert. Die berechneten optimalen HMD-Eigenschaften konnten weitestgehend umgesetzt werden. Lediglich weisen die für dieses Fallbeispiel vorhandenen Dämpfungselemente nicht das optimale Dämpfungsmaß auf. Allerdings zeigte sich, dass dennoch mit der optimalen Masse und Steifigkeit ein HMD umgesetzt werden konnte, welcher den Realteil im Bereich der kritischen Resonanz auf Werte über Null anhebt.

Abschließend wurden erneut Bearbeitungsversuche auf der Maschine durchgeführt. Hierbei wurden die vormals instabilen Versuche mit nun installiertem HMD wiederholt. Es zeigte sich, dass nach Montage des HMDs der Zerspanprozess nicht mehr instabil ist. Darüber hinaus konnte die Schnitttiefe im Bearbeitungsprozess weiter erhöht werden, ohne dass sich der Zerspanprozess erneut destabilisierte. Schlussendlich wurde eine weitere Erhöhung der Schnitttiefe durch die Leistungsgrenze der Maschinenhauptspindel erreicht. So kann geschlussfolgert werden, dass nun nicht mehr das dynamische Nachgiebigkeitsverhalten der Maschine Grund für die begrenzte Produktivität dieser Maschine ist, sondern die Leistung der Hauptspindel.

In diesem Kapitel 5 wurde gezeigt, dass die in Kapitel 4 dargelegte ganzheitliche Methode und die Gleichungen aus den Unterkapiteln 4.3 und 4.4 eine optimale Auslegung von HMDs für Werkzeugmaschinen ermöglicht. Insbesondere konnte verifiziert werden, dass eine optimale Masse im Falle selbsterregter Schwingungen existiert.

Allerdings muss auch festgestellt werden, dass die Genauigkeit der analytischen Auslegung an Grenzen stößt. Nach wie vor wird das dynamische Verhalten der Maschine nur modellhaft angenähert. So muss bei der Auslegung von HMDs stets eine Möglichkeit der Feinabstimmung eingeplant werden.

6 Zusammenfassung und Ausblick

Summary and Outlook

6.1 Zusammenfassung

Summary

In dieser Dissertation wird eine ganzheitliche Vorgehensweise zur Auslegung von Hilfsmassendämpfern für spanende Werkzeugmaschinen erarbeitet (Kapitel 4.1). Gemeint ist ein Vorgehen, welches ausgehend von der konkreten Problemstellung, „Schwingungen im Bearbeitungsprozess" über messtechnische Voruntersuchungen sowie der analytischen Auslegung des Hilfsmassendämpfers eine Approximation des Nachgiebigkeitsfrequenzgangs am Tool Center Point der Maschine nach Montage des Hilfsmassendämpfers ermöglicht. Im Detail wird eine Möglichkeit der Analyse und Charakterisierung der im Prozess auftretenden Schwingungen (Kapitel 4.2.1) vorgestellt, wodurch eine einfache Identifikation der vorliegenden Schwingungsart (Fremd- oder Selbsterregung) gelingt. Es wird ein Vorgehen erarbeitet, welches die Ermittlung des optimalen Wirkortes für den Hilfsmassendämpfer an der Maschine ermöglicht (Kapitel 4.2.2). Wesentliche Mittel sind in diesem Schritt die Modalanalyse der Werkzeugmaschine und Nachgiebigkeitsfrequenzgänge an potenziellen Wirkorten. Ist der optimale Wirkort erkannt, können im Rahmen der Parameteridentifikation die modalen Eigenschaften der kritischen Schwingungsmode ermittelt und für die weitere Auslegung des Hilfsmassendämpfers extrahiert werden. Hierfür wird der P-LSCF-LSFD-Ansatz verwendet, welcher schnell stabilisierende Polstellen liefert (Kapitel 4.2.3).

Kern der Arbeit bildet die mathematische Herleitung der Gleichungen für die optimale Hilfsmasse, Steifigkeit und Dämpfung in Abhängigkeit der Art der Schwingung (Kapitel 4.3 und 4.4). Abweichend von bisherigen analytischen Auslegungsansätzen wird in dieser Arbeit das dynamische Maschinenverhalten nicht als Einmassenschwinger, sondern als Mehrmassenschwinger approximiert. Dieser Ansatz berücksichtigt den Einfluss des dynamischen Nachgiebigkeitsverhaltens der Moden unter- und oberhalb der kritischen Resonanzstelle. In vielen Fällen fällt die kritische Resonanzstelle mit der ersten dominanten Resonanzstelle zusammen, sodass das untere Residuum vernachlässigt werden kann. Insbesondere für selbsterregte Schwingungen wird eine eindeutige, optimale Hilfsmasse hergeleitet, welche den Absolutbetrag des negativen Realteils der kritischen Resonanzstelle eliminiert (Kapitel 4.4). Somit sind selbsterregte Schwingungen infolge dieser kritischen Eigenmode nicht mehr möglich. Die theoretischen Grenzen des Ansatzes werden in Kapitel 4.5 diskutiert.

Den Abschluss der Arbeit stellt die Verifikation des ganzheitlichen Auslegungsansatzes anhand zweier Maschinen dar. In diesem Kontext wird eine Software zur Auslegung von Hilfsmassendämpfern in MATLAB® implementiert (Kapitel 5.1).

Im ersten Fallbeispiel (eine Rumpf-3-Achs-Fahrständerfräsmaschine) werden zwei Hilfsmassendämpfer, einer für den Fall der Fremd-, der andere für den Fall der Selbsterregung, ausgelegt. Die prognostizierten Ergebnisse werden denen nach der Implementierung des Hilfsmassendämpfers gemessenen Ergebnissen gegenüber gestellt. Trotz leichter Abweichungen zwischen den optimalen, berechneten Werten, ist die physikalische Umsetzung der Hilfsmassendämpfer gelungen. Insbesondere kann für den Fall der Selbsterregung der negative Realteil vollständig eliminiert werden (Kapitel 5.2).

Im zweiten Fallbeispiel (Kapitel 5.3) wird ein Zerspanprozess mit selbsterregten Schwingungen über einen Hilfsmassendämpfer stabilisiert. Das verwendete Bearbeitungszentrum besitzt eine ausgeprägte Resonanzstelle mit negativem Realteil, welche als Ursache für die Instabilität identifiziert werden kann. Nach der analytischen Auslegung der optimalen Hilfsmassendämpfereigenschaften und deren anschließender Umsetzung zeigte sich, dass der Hilfsmassendämpfer den Zerspanprozess wie erhofft stabilisiert. Die Schnitttiefe in dem Bearbeitungsprozess kann sogar bis zur Leistungsgrenze der Maschinenhauptspindel gesteigert werden, ohne erneut infolge dieser vormals kritischen Resonanzstelle instabil zu werden.

Abschließend kann festgehalten werden, dass die in Kapitel 3 postulierten Hypothesen bestätigt werden. Somit ergibt sich für die Auslegung von Hilfsmassendämpfern eine verifizierte ganzheitliche Methode. Insbesondere kann für den Fall der selbsterregten Schwingungen erstmals genau eine optimale Hilfsmasse hergeleitet werden, welche Anhaltspunkt für die Umsetzung des Hilfsmassendämpfers ist. Allerdings muss bei der physikalischen Umsetzung der Hilfsmassendämpfer stets eine Flexibilität der eingesetzten Elemente vorgesehen werden, da insbesondere die Steifigkeits- und Dämpfungseigenschaften von bspw. Elastomerelementen nicht den Katalogwerten entsprechen, was demnach in einem Feinabstimmungsprozess kompensiert werden muss.

6.2 Ausblick

Outlook

Zukünftige Arbeiten sollten sich mit einer Erweiterung des Ansatzes hinsichtlich der Besonderheiten regenerativer Effekte bei Schleifprozessen beschäftigen. Die selbsterregten Schwingungen sind in derartigen Produktionsprozessen infolge der nichtlinearen Eingriffsverhältnisse der Schleifscheibe sowie dem Schleifscheibenverschleiß deutlich stärker von technologischen Randbedingungen abhängig. So wird in [WECK06c] die sogenannte Grenzphasenkurve eingeführt, welche die minimal zulässige Phasenlage des komplexen Nachgiebigkeitsfrequenzgangs der Werkzeugmaschine anzeigt. Wird diese Grenzphase infolge einer Maschinennachgiebigkeit unterschritten, so kommt es zu werkstück- aber auch werkzeugseitigem Rattern. Der Verlauf dieser Grenzphasenkurve ist für Außenrund-Schleifprozesse direkt abhängig von der Werkstückgeschwindigkeit, der Zustellung und dem äquivalenten Schleifscheibenradius. Für Längs-Schleifprozesse muss zusätzlich noch der Schrägungswinkel der Schleifscheibe berücksichtigt werden [HENN99]. So können die Auslegungsgleichungen für diese Sonderfälle erweitert und zu einer zielgerichteten Abstimmung von Hilfsmassendämpfern für Schleifmaschinen entwickelt werden.

In Kapitel 4.5 wurden Einschränkungen bzw. Ungenauigkeiten des hier entwickelten Ansatzes diskutiert. Insbesondere wurde die Dämpfung der Werkzeugmaschine für die Auslegungsgleichung vernachlässigt, was sowohl für die Amplitudenreduktion als auch für die Realteilanhebung in Abweichungen vom Optimum mündet. Zwar konnte festgestellt werden, dass der in dieser Arbeit hergeleitete Ansatz eine Abschätzung zu sicheren Seite liefert, dennoch könnte in weiteren Forschungsarbeiten der bisherige Ansatz geschärft und die Dämpfung der Werkzeugmaschine berücksichtigt werden. Im Ergebnis wäre eine noch exaktere Ableitung der optimalen Hilfsmassendämpfereigenschaften möglich.

Weitere Anwendungsfelder für die hergeleiteten Gleichungen ergeben sich für Hilfsmassendämpfer mit mehreren Hilfsmassen, den sogenannten Mehrmassendämpfern. So wird in [BREC15a] ein interessanter Ansatz zur Auslegung eines Mehrmassendämpfers beschrieben, welcher durch die in dieser Dissertationsschrift formulierten Gleichungen erweitert und so auf einen optimalen Realteil ausgelegt werden könnte.

Summary and Outlook

Summary

This thesis presents not only the mathematical derivation of the necessary equations for calculating the optimal parameters (mass, stiffness and damping) of a tuned mass damper, but also presents an holistic method for implementing such tuned mass dampers (Chapter 4.1). In this context, the thesis introduces a method to identify the type of vibrations (Chapter 4.2.1), the optimal position for the tuned mass damper (Chapter 4.2.2) and a solution to identify the parameters of the critical resonance frequency by the P-LSCF-LSFD approach (Chapter 4.2.3). These preliminary considerations deliver the input, necessary for calculating the optimal tuned mass damper properties using the derived analytical equations.

The analytical equations for calculating the optimal tuned mass damper parameters are derived by taking into consideration the type of vibrations. While Chapter 4.3 includes the derivation of the equations for external vibrations, Chapter 4.4 contains the derivation of the equations for self-excited vibrations. Especially for the case of self-excited vibrations, it was found that there is an optimal mass of the tuned mass damper which eliminates the tendency for occurrence of an instable cutting process due to the critical resonance. The limitations of this approach were discussed in Chapter 4.5.

The final part of this thesis is an implementation of the proposed approach on two machine tools. In this context, a software for designing tuned mass dampers was programed in MATLAB® (Chapter 5.1). For the first example (Chapter 5.2), the dynamic behavior of a three axis machine tool has been optimized by the implementation of two different tuned masse dampers. The first tuned mass damper was tuned for externally excited vibrations, while the second one was tuned for self-excited vibrations. In these cases, the calculated tuned mass damper properties led to the improvement of the amplitude and also the tendency for occurrence of an instable cutting process. The predicted frequency-response function of the dynamic compliance behavior of the machine tool's tool center point with the tuned mass damper matched very closely the measured frequency-response function. Especially for the self-excited vibrations, the tuned mass damper eliminates the absolute value of the negative real part of the dynamic compliance behavior of the machine tool for the critical resonance such that, for this resonance there is no more instability possible.

The second machine tool (Chapter 5.3) shows an instable cutting process, caused by a critical resonance with a distinctive negative real part. By the help of the tuned mass damper, the negative real part could be eliminated. Finally, cutting tests prove, that the cutting process is not instable anymore. The cutting depth could be increased until the maximum spindle power was reached.

Finally, it can be concluded, that the two postulated hypotheses in Chapter 3 are confirmed. It has to be mentioned, that due to inaccuracies in the practical implementation of a tuned mass damper for machine tools, a certain flexibility of the designed components have to be considered, for allowing a fine adjustment of the tuned mass damper properties. Notably, the commonly used elastomer damper elements often possess physical characteristic differing from those stated in their data sheets.

Outlook

Future research work should extend the equations, derived in this thesis, to regenerative chatter in grinding processes. Self-excited vibrations in grinding are strongly dependent on the process parameters, for example, the non-linear engagement behavior and the grinding wheel wear. In [WECK06c] the so-called limiting phase curve was introduced, which shows the minimal allowable phase shift of the machine's dynamic compliance. If the phase shifts below this curve, the grinding process might become instable. For cylindrical grinding processes, the limiting phase curve is dependent on the workpiece velocity, infeed and the equivalent grinding wheel radius. In longitudinal grinding the bevel angle of the grinding wheel has to be taken into account additionally [HENN99].

In Chapter 4.5 the limitations and inaccuracies of the proposed approach were discussed. One discussion was about the negligence of the machine tool's damping ratio at the critical resonance frequency. Although it was found that this negligence is a safe estimation, it leads to higher estimated masses for the tuned mass damper than necessary. Improving this issue might result in more exact solutions for the optimally tuned mass damper parameters.

Other applications of the proposed approach are multiple mass dampers. In [BREC15a] one finds an interesting approach to design such kinds of multi mass dampers. This approach could be extended by the method proposed in this thesis.

7 Literaturverzeichnis

[ABEL08] Abele, E.; Hanselka, H.; Haase, F.; Schlote, D.; Schiffler, A.: Development and design of an active work piece holder driven by piezo actuators. In: Production Engineering. 2. Jg., 2008, Nr. 4, S. 437–442.

[ABEL10a] Abele, E.; Fujara, M.: Simulation-based twist drill design and geometry optimization. In: CIRP Annals - Manufacturing Technology. 59. Jg., 2010, Nr. 1, S. 145–150.

[ABEL10b] Abele, E.; Roth, M.; Ehmann, C.; Haydn, M.: Aktiver Strukturdämpfer. Dimensionierung, Konstruktion und Verifikation an einem Bearbeitungszentrum. In: wt Werkstatttechnik online. 100. Jg., 2010, Nr. 1/2, S. 105–111.

[ACAR13] Acar, M. A.; Yilmaz, C.: Design of an adaptive–passive dynamic vibration absorber composed of a string–mass system equipped with negative stiffness tension adjusting mechanism. In: Journal of Sound and Vibration. 332. Jg., 2013, Nr. 2, S. 231–245.

[AGUI12] Aguirre, G.; Gorostiaga, M.; Porchez, T.; Muñoa, J.: Self-tuning semi-active tuned-mass damper for machine tool chatter suppression. In: Proceedings of the International Conference on Noise and Vibration Engineering, 2012.

[AHLB92] Ahlborn, D.: Meß- und Parameterfehler bei der Modalanalyse von Maschinen. Hannover: Eigendruck, Diss. Universität Hannover, 1992.

[ALDE03] Aldemir, U.: Optimal control of structures with semiactive-tuned mass dampers. In: Journal of Sound and Vibration. 266. Jg., 2003, Nr. 4, S. 847–874.

[ALEX09] Alexander, N. A.; Schilder, F.: Exploring the performance of a nonlinear tuned mass damper. In: Journal of Sound and Vibration. 319. Jg., 2009, Nr. 1/2, S. 445–462.

[ALLE02] Allemang, R. J.: The modal assurance criterion – twenty years of use and abuse: 20st IMAC Conference & Exposition 2002. "a conference & exposition on structural dynamics". Bethel, Connecticut: Society for Experimental Mechanics, 2002, S. 14–21.

[ALLE87] Allemang, R. J.; Brown, D. L.: Experimental modal analysis and dynamic component synthesis. Universal File Formats. Cincinnati: Eigendruck Universität Cincinnati, 1987.

[ALLE98] Allemang, R. J.; Brown, D. L.: A unified matrix polynomial approach to modal identification. In: Journal of Sound and Vibration. 211. Jg., 1998, Nr. 3, S. 301–322.

[ALTI04a] Altintas, Y.; Weck, M.: Chatter stability of metal cutting and grinding. In: CIRP Annals - Manufacturing Technology. 53. Jg., 2004, Nr. 2, S. 619–642.

[ALTI04b] Altintas, Y.: Critical review of chatter vibration models for milling. In: Klocke, F.; Pritschow, G. (Hrsg.): Autonome Produktion. (Reihe: Engineering online library). Berlin [u.a.]: Springer-Verlag, 2004, S. 39–60.

[ALTI05] Altintas, Y.; Brecher, C.; Weck, M.; Witt, S. T.: Virtual machine tool. In: CIRP Annals - Manufacturing Technology. 54. Jg., 2005, Nr. 2, S. 115–138.

[ALTI12] Altintas, Y.: Manufacturing automation. Metal cutting mechanics, machine tool vibrations, and CNC design. 2nd ed. Cambridge, New York: Cambridge University Press, 2012.

[ANDR61] Andrew, C.; Tobias, S. A.: A critical comparison of two current theories of machine tool chatter. In: International Journal of Machine Tool Design and Research, 1961, Nr. 1, S. 323–335.

[ANDR93] USA US5413318 A (09.05.1995). Andreassen, L.: Means for damping vibrations, for example self-generated oscillations in boring bars and similar.

[ARNO46] Arnold, R. N.: The mechanism of tool vibration in the cutting of steel. In: Proceedings of the Institution of Mechanical Engineers 1847-1982. 154. Jg., 1946, Nr. 1946, S. 261–284.

[ASAM02] Asami, T.; Nishihara, O.; Baz, A. M.: Analytical solutions to H_∞ and H_2 optimization of dynamic vibration absorbers attached to damped linear systems. In: Journal of Vibration and Acoustics. 124. Jg., 2002, Nr. 2, S. 284.

[ASAM03] Asami, T.; Nishihara, O.: Closed-form exact solution to H_∞ optimization of dynamic vibration absorbers (application to different transfer functions and damping systems). In: Journal of Vibration and Acoustics. 125. Jg., 2003, Nr. 3, S. 398.

[AVIT01] Avitabile, P.: Experimental modal analysis. A simple non-mathematical presentation. Massachusetts, 2001.

[BANN11] Bannerman, M. N.; Kollmer, J. E.; Sack, A.; Heckel, M.; Mueller, P.; Pöschel, T.: Movers and shakers: Granular damping in microgravity. In: Physical Review E. 84. Jg., 2011, Nr. 1.

[BAUR13] Baur, M.: Aktives Dämpfungssystem zur Ratterunterdrückung an spanenden Werkzeugmaschinen. Entwurf und experimentelle Validierung. München: Eigendruck, Diss. TU München, 2013.

[BCC 11] BCC Research: Smart Materials: Technologies and Global Markets, Mai 2011.

[BIER13] Biermann, D.; Meier, H.; Haberland, C.; Abrahams, H.; Metzger, M.; Steiner, M.: Einsatz additiv gefertigter Werkzeughalter. Optimierungspotentiale bei der Drehbearbeitung von Titan durch strahlgeschmolzene Werkzeugaufnahmen. In: wt Werkstatttechnik online. 103. Jg., 2013, Nr. 6, S. 481–484.

[BRAN11] Brandt, A.: Noise and vibration analysis. Signal analysis and experimental procedures. Chichester, Hoboken, N.J.: Wiley, 2011.

[BREC02] Brecher, C.: Vergleichende Analyse von Vorschubantrieben für Werkzeugmaschinen. Aachen: Shaker, 2002.

[BREC06] Brecher, C.; Hirsch, P.; Hoffmann, F.; Gerrath, T.; Schapp, L.; Weck, M.: Messtechnische Untersuchung von Prozess und Maschine, Beurteilung und Abnahme von Werkzeugmaschinen (ab 1960). In: Eversheim, W.; Pfeifer, T.; Weck, M. (Hrsg.): 100 Jahre Produktionstechnik. Werkzeugmaschinenlabor WZL der RWTH Aachen von 1906 bis 2006. Berlin, New York: Springer-Verlag, 2006, S. 437–447.

[BREC07a] Brecher, C.; Schauerte, G.: Adaptronisches Bohrwerkzeug. Piezoaktorische Zusatzachsen zur Kompensation von Bohrwerkzeugschwingungen. In: wt Werkstatttechnik online. 97. Jg., 2007, Nr. 5, S. 301–306.

[BREC07b] Brecher, C.; Schauerte, G.; Merz, M.: Modeling and simulation of adaptronic drilling tool axes as the basis of control design. In: Production Engineering. 1. Jg., 2007, Nr. 3, S. 297–301.

[BREC08] Brecher, C.; Manoharan, D.; Witt, S. T.: Structure integrated adaptronical systems for machine tools. In: Production Engineering. 2. Jg., 2008, Nr. 2, S. 219–223.

[BREC10] Brecher, C.; Hermes, R.; Sitte, B.; Klein, W.: Ratterfreie Maschinen und Prozesse. Auslegung von Maschinensystemen und Bearbeitungsprozessen zur Verbesserung der Zerspanleistung. In: wt Werkstatttechnik online. 100. Jg., 2010, Nr. 1/2, S. 81–88.

[BREC11a] Brecher, C.; Denkena, B.; Großmann, K.; Steinmann, P.; Bouabid, A.; Heinisch, D.; Hermes, R.; Löser, M.: Identification of weak spots in the metrological investigation of dynamic machine behaviour. In: Production Engineering. 5. Jg., 2011, Nr. 6, S. 679–689.

[BREC11b] Brecher, C.; Klein, W.; Seiler, M.; Bäumler, S.: Experimentelle und simulative Strukturoptimierung an Werkzeugmaschinen am Beispiel eines Mehrspindel-Bohrportals. Genauigkeit von Werkzeugmaschinen am Beispiel eines Mehrspindel-Bohrportals verbessert. In: VDI-Z Integrierte Produktion. 153. Jg., 2011, Nr. 1/2, S. 28–30.

[BREC11c] Brecher, C.; Heyers, C.: Gesteigerte Dynamik mit dem Einsatz redundanter Achsen. Konzept zur Steigerung der Bearbeitungsgeschwindigkeit durch Kombination zweier Antriebe mit unterschiedlicher Dynamik. In: wt Werkstatttechnik online. 101. Jg., 2011, Nr. 1/2, S. 31–38.

[BREC11d] Brecher, C.; Hermes, R.; Sitte, B.: Virtualisierung der spanenden Bearbeitung in der Maschinenentwicklung und Prozessoptimierung (VispaB). Verbundprojekt im Rahmenkonzept "Management und Virtualisierung der Produktentstehung" des Bundesministeriums für Bildung und Forschung (BMBF). 1. Aufl. Aachen: Apprimus Verlag, 2011.

[BREC11e] Brecher, C.; Hermes, R.; Sitte, B.; Klein, W.: Regeneratives Rattern im Blickpunkt. Entwicklungen auf dem Gebiet der simulativen Prognose der Prozess-Maschine-Interaktion. In: wt Werkstatttechnik online. 101. Jg., 2011, Nr. 1/2, S. 24–30.

[BREC12a] Brecher, C.; Habermann, R.; Fey, M.: Ermitteln der Dämpfung eines Spindellagerpakets. Prüfstand zur Bestimmung des Dämpfungskoeffizienten. In: wt Werkstatttechnik online. 102. Jg., 2012, Nr. 5, S. 282–287.

[BREC12b] Brecher, C.; Brockmann, B.: Membrane based high dynamic hydraulic actuator for active damping systems in machine tools. In: Uriarte, L. G.; Aranzabe, A.; Arzamendi, J.; Garcia, J.; Sanz, C. (Hrsg.): 9th International Conference on High Speed Machining HSM. Innovation in Machining 2012. 1st ed. Eibar (Spanien): Fundación Tekniker, 2012, S. 245–249.

[BREC12c] Brecher, C.; Großmann, K.; Zäh, M. F.; Fey, M.; Niehues, K.; Rudolph, H.; Schwarz, S.: Lineare Dynamikmodelle für verschraubte Fugen. Vergleichende Untersuchung von Modellen mit unterschiedlichem Abstraktionsgrad. In: wt Werkstatttechnik online. 102. Jg., 2012, Nr. 5, S. 276–281.

[BREC12d] Brecher, C.; Bäumler, S.; Brockmann, B.: Design of a highly dynamic hydraulic actuator for active damping systems in machine tools. In: International Journal of Intelligent Mechatronics and Robotics. 2. Jg., 2012, Nr. 4, S. 15–26.

[BREC12e] Brecher, C.; Hermes, R.; Epple, A.; Bäumler, S.: Simulative parameterization of dead time variable rotation speed behavior to improve process stability in high performance cutting. In: Procedia CIRP. 4. Jg., 2012, S. 2–10.

[BREC12f] Brecher, C.; Guralnik, A.; Bäumler, S.: Modellierung des spitzenlosen Durchlaufschleifens. Kinematisches Prozessmodell zur Abbildung der dynamischen Prozess-Maschine-Interaktion. In: wt Werkstatttechnik online. 102. Jg., 2012, Nr. 5, S. 288–291.

[BREC13a] Brecher, C.; Gsell, S.; Lohse, W.: Schwingungsdämpfung in Werkzeugmaschinen. Lageistwertfilter zur Unterdrückung von Resonanzen im Lageregelkreis. In: wt Werkstatttechnik online. 103. Jg., 2013, Nr. 5, S. 388–394.

[BREC13b] Brecher, C.; Bäumler, S.; Brockmann, B.: Avoiding chatter by means of active damping systems for machine tools. In: Journal of Machine Engineering. 13. Jg., 2013, Nr. 3, S. 117–128.

[BREC13c] Brecher, C.; Bäumler, S.; Brockmann, B.: Hilfsmassendämpfer für Werkzeugmaschinen. Optimierte Auslegung passiver Hilfsmassendämpfer zur Stabilisierung von Bearbeitungsprozessen. In: wt Werkstatttechnik online. 103. Jg., 2013, Nr. 5, S. 395–401.

[BREC13d] Brecher, C.; Fey, M.; Bäumler, S.: Damping models for machine tool components of linear axes. In: CIRP Annals - Manufacturing Technology. 62. Jg., 2013, Nr. 1, S. 399–402.

[BREC13e] Brecher, C.; Bäumler, S.; Wissmann, M.; Guralnik, A.: Single beam method for three-axial vibration measurement. In: Blunt, L. (Hrsg.): Laser metrology and machine performance. 10th International Conference and Exhibition on Laser Metrology, Machine Tool, CMM & Robotic Performance, Lamdamap 2013, 20 - 21 March 2013, Chicheley Hall, Newton Pagnell, Bucks, Buckinghamshire, UK. Cranfield: Euspen, 2013, S. 39–49.

[BREC13f] Brecher, C.; Bäumler, S.; Brockmann, B.: Closed-loop position control of a membrane based electrohydraulic actuator for an active damping system for portal milling machines. In: IECON 2013 - 39th Annual Conference of the IEEE Industrial Electronics Society, 2013, S. 3893–3897.

[BREC13g] Brecher, C.; Bäumler, S.; Brockmann, B.: Ratterschwingungen erfolgreich abstellen. Biaxiale Hilfsmassendämpfer für Werkzeugmaschinen. In: Industrie-Anzeiger. 135. Jg., 2013, Nr. 30, S. 62–63.

[BREC14a] Brecher, C.; Epple, A.; Fey, M.: Optimale Prozessparameter effizient ermitteln. Am Beispiel einer doppelspindligen Fräsbearbeitung. In: wt Werkstatttechnik online. 104. Jg., 2014, Nr. 5, S. 260–265.

[BREC14b] Brecher, C.; Brockmann, B.; Daniels, M.; Wennemer, M.: Herausforderungen bei der messtechnischen Untersuchung von Werkzeugmaschinen. In: ZWF (Zeitschrift für wirtschaftliche Fabrikbetriebe). 109. Jg., 2014, Nr. 12, S. 885–888.

[BREC14c] Brecher, C.; Bäumler, S.; Guralnik, A.: Experimental modal analysis using a tracking interferometer. In: CIRP Annals - Manufacturing Technology. 63. Jg., 2014, Nr. 1, S. 345–348.

[BREC14d] Brecher, C.; Wagner, M.; Fey, M.: Dämpfung in Profilschienenführungen. Modellierung und Validierung unter Schmierstoffeinfluss und konstruktiv bedingten Faktoren. In: wt Werkstatttechnik online. 104. Jg., 2014, Nr. 5, S. 295–300.

[BREC15a] Brecher, C.; Schmidt, S.; Fey, M.: On the integration of tuned multi-mass dampers into a topology optimization method for machine tool structural dynamics: 11th World Congress on Structural and Multidisciplinary Optimisation, 2015.

[BREC15b] Brecher, C.; Epple, A.; Neus, S.; Fey, M.: Optimal process parameters for parallel turning operations on shared cutting surfaces. In: International Journal of Machine Tools and Manufacture. 95. Jg., 2015, S. 13–19.

[BROC46] Brock, J. E.: A Note on the Damped Vibration Absorber. In: Journal of Applied Mechanics. 13. Jg., 1946, Nr. 4, S. A284.

[BROM08] Brommundt, E.; Sachau, D.: Schwingungslehre. Mit Maschinendynamik. 1. Aufl. Wiesbaden: B.G. Teubner Verlag / GWV Fachverlage, Wiesbaden, 2008.

[BROW11] Brown, B.; Singh, T.: Minimax design of vibration absorbers for linear damped systems. In: Journal of Sound and Vibration. 330. Jg., 2011, Nr. 11, S. 2437–2448.

[BROW79] Brown, D. L.; Allemang, R. J.; Zimmerman, R.; Mergeay, M.: Parameter estimation techniques for modal analysis. In: 1979 Automotive Engineering Congress and Exposition: SAE International 400 Commonwealth Drive, Warrendale, PA, United States, 1979.

[CRAI06] Craig, R. R.; Kurdila, A.: Fundamentals of structural dynamics. 2nd ed. Hoboken, N.J: John Wiley, 2006.

[CUVA02] Cuvalci, O.; Ertas, A.; Ekwaro-Osire, S.; Cicek, I.: Non-linear vibration absorber for a system under sinusoidal and random excitation: experm-ients. In: Journal of Sound and Vibration. 249. Jg., 2002, Nr. 4, S. 701–718.

[DEN 85] Den Hartog, J. P.: Mechanical vibrations. New York: Dover Publications, 1985.

[DENK11] Denkena, B.; Möhring, H.-C.; Gümmer, O.: Adaptive Dämpfung für ruckentkoppelte Antriebe. Rückspeisefähige magnetische Dämpfungseinheit für ruckentkoppelte Vorschubachsen. In: wt Werkstatttechnik online. 101. Jg., 2011, Nr. 5, S. 321–327.

[DENK15] Denkena, B.; Lauffer, H.-J.; Cohn, A.; Grove, T.; Krödel, A.: HPC-Fräsen von Vergütungsstahl. In: VDI-Z Integrierte Produktion. 157. Jg., 2015, Nr. 11, S. 31–33.

[DIGE06] USA US20100242696 A1 (30.09.2010). Digernes, A.; Skjellnes, A.; Risstad, O.; Jensen, T.; Sundseth, E.; Stokland, K. S.: Container adapted to be inserted in a tool holder.

[DMG 15] DMG MORI Deutschland: MPC - Machine Protection Control. Vorbeugender Schutz von Maschine und Werkzeugen. URL: http://de.dmgmori.com/produkte/software/mpc [Stand: 01.10.2015].

[DREG66] Dregger, E. U.: Untersuchung des instabilen und des stabilen Fräsprozesses. Aachen: Eigendruck, Diss. RWTH Aachen, 1966.

[DRES07] Dresig, H.; Holzweissig, F.: Maschinendynamik. 8., neu bearb. Aufl. Berlin, Heidelberg, New York, NY: Springer-Verlag, 2007.

[EARL74] Earles, S.; Mansoori, F. S.: Frictional damping applied to a cantilever-beam structure: A theoretical and experimental response comparison. In: International Journal of Machine Tool Design and Research. 14. Jg., 1974, Nr. 1, S. 111–124.

[EASO13] Eason, R. P.; Sun, C.; Dick, A. J.; Nagarajaiah, S.: Attenuation of a linear oscillator using a nonlinear and a semi-active tuned mass damper in series. In: Journal of Sound and Vibration. 332. Jg., 2013, Nr. 1, S. 154–166.

[EVER11] Eversheim, W.: Organisation in der Produktionstechnik Band 4. Fertigung und Montage: Springer Verlag, 2011.

[EVER90] Eversheim, W.: Inbetriebnahme komplexer Maschinen und Anlagen. Strategien und Praxisbeispiele zur Rationalisierung in der Einzel- und Kleinserienproduktion. Düsseldorf: VDI-Verl., 1990.

[EWIN00] Ewins, D. J.: Modal testing. Theory, practice, and application. 2nd ed. Baldock, Hertfordshire, England, Philadelphia, PA: Research Studies Press, 2000.

[FEBB08] Febbo, M.; Vera, S. A.: Optimization of a two degree of freedom system acting as a dynamic vibration absorber. In: Journal of Vibration and Acoustics. 130. Jg., 2008, Nr. 1, S. 11013.

[FEBB12] Febbo, M.: Optimal parameters and characteristics of a three degree of freedom dynamic vibration absorber. In: Journal of Vibration and Acoustics. 134. Jg., 2012, Nr. 2, S. 21010.

[FEY15] Fey, M.: Identifikation geeigneter parametrierter Dämpfungsmodelle für Komponenten einer Linearachse. 1. Aufl. Aachen: Apprimus Verlag, 2015.

[FOLK93] Folkerts, W.: Dynamische Prozesskennwerte des Schleifens und deren Einfluss auf das Prozessverhalten. Aachen: Shaker, 1993.

[FOTS02] Fotsch, D.; Ewins, D. J.: Application of MAC in the frequency domain. In: Proceedings of the International Conference on Noise and Vibration Engineering, 2002.

[FRAH11] USA 989,958 (18.04.1911). Frahm, H.: Device for damping vibrations of bodies.

[FREY13] Frey, S.: Verbesserung des dynamischen Verhaltens von Vorschubantrieben durch semiaktive Dämpfung. Stuttgart: Fraunhofer-Verl., 2013.

[FRIS10] Friswell, M. I.: Dynamics of rotating machines. Cambridge, New York: Cambridge University Press, 2010.

[GENT99] Genta, G.: Vibration of structures and machines. Practical Aspects. Third edition. New York, NY: Springer-Verlag, 1999.

[GÉRA15] Géradin, M.; Rixen, D.: Mechanical vibrations. Theory and application to structural dynamics. Third edition, 2015.

[GROS14] Grossi, N.; Sallese, L.; Scippa, A.; Campatelli, G.: Chatter stability prediction in milling using speed-varying cutting force coefficients. In: Procedia CIRP. 14. Jg., 2014, S. 170–175.

[GROß10] Großmann, K.; Brecher, C.; Zäh, M. F.; Rudolph, H.; Fey, M.; Niehues, K.; Schwarz, S.: Dämpfungseffekte in Werkzeugmaschinen. In: ZWF (Zeitschrift für wirtschaftliche Fabrikbetriebe). 105. Jg., 2010, Nr. 7/8, S. 676–680.

[GUIL03] Guillaume, P.; Verboven, P.; Vanlanduit, S.; Van der Auweraer, H.; Peeters, B.: A poly-reference implementation of the least-squares complex frequency-domain estimator: 21st IMAC Conference & Exposition 2003. "a conference & exposition on structural dynamics". Bethel, Connecticut: Society for Experimental Mechanics, 2003.

[GÜMM14] Gümmer, O.: Produktivitäts- und Genauigkeitssteigerung von Fräsmaschinen durch ruckentkoppelte Vorschubantriebe und magnetische Führungseinheiten. Hannover: Eigendruck, Diss. Universität Hannover, 2014.

[GURA15] Guralnik, A.: Modalanalyse mit Tracking-Interferometern. 1. Auflage. Aachen: Apprimus Verlag, 2015.

[HANN08] Hannig, S.: Analyse, Modellierung und Simulation des dynamischen Verhaltens beim spitzenlosen Einstechschleifen. Aachen: Shaker, 2008.

[HARR02] Harris, C. M.; Piersol, A. G.: Harris' shock and vibration handbook. 5th ed. New York: McGraw-Hill, 2002.

[HENN99] Hennes, N.: Analyse des dynamischen Verhaltens von Längsschleifprozessen. Aachen: Shaker, 1999.

[HESS03] Hessel, C.: Integration der Topologieoptimierung in den CAD-gestützen Entwicklungsprozess. Aachen: Shaker, 2003.

[HESS11] Hesselbach, J. (Hrsg.). In: Adaptronik für Werkzeugmaschinen. Forschung in Deutschland (Reihe: Berichte aus dem Maschinenbau). Aachen: Shaker, 2011.

[HEYL98] Heylen, W.; Lammens, S.; Sas, P.: Modal analysis theory and testing. [2nd ed.]. Belgium: Katholieke Universiteit Leuven, Faculty of Engineering, Dept. of Mechanical Engineering, Division of Production Engineering, Machine Design and Automation, 1998.

[HIJM07] Hijmissen, J. W.; van Horssen, W. T.: On aspects of damping for a vertical beam with a tuned mass damper at the top. In: Nonlinear Dynamics. 50. Jg., 2007, 1-2, S. 169–190.

[HIPK02] Hipke, T.: Analyse, Bewertung und Eignung von Aluminiumschäumen für die Werkzeugmaschinenkonstruktion. Zwickau: Verl. Wiss. Skripten, 2002.

[HOFF67] Hoffmann, W.: Bestimmung der Frequenzgänge von Übertragungssystemen an Werkzeugmaschinen mit Hilfe der Systemtheorie für regellose Vorgänge. Aachen: Eigendruck, Diss. RWTH Aachen, 1967.

[HÖLK57] Hölken, W.: Untersuchung von Ratterschwingungen an Drehbänken. Aachen: Eigendruck, Diss. RWTH Aachen, 1957.

[HUNT82] Hunt, J. B.; Nissen, J.-C.: The broadband dynamic vibration absorber. In: Journal of Sound and Vibration. 83. Jg., 1982, Nr. 4, S. 573–578.

[IHLE12] Ihlenfeldt, S.: Redundante Werkzeugmaschinenstruktur für die Komplettbearbeitung im Großwerkzeugbau. Modellbasierter Systementwurf und Prototyp. Auerbach/V.: Verl. Wiss. Skripten, 2012.

[ISER07] Isermann, R.: Mechatronische Systeme. Grundlagen. 2., vollständig neu bearb. Aufl. Berlin: Springer-Verlag Berlin and Heidelberg, 2007.

[JÄGE06] Jäger, H.; Knaebel, M.; Mastel, R.: Technische Schwingungslehre. 6., vollst. überarb. und erw. Aufl. Wiesbaden: B.G. Teubner Verlag / GWV Fachverlage, Wiesbaden, 2006.

[JORD88] Jordanov, I. N.; Cheshankov, B. I.: Optimal design of linear and nonlinear dynamic vibration absorbers. In: Journal of Sound and Vibration. 123. Jg., 1988, Nr. 1, S. 157–170.

[KEFU10] Kefu Liu, Gianmarc Coppola: Optimal design of damped dynamic vibration absorber for damped primary systems. In: Transactions of the Canadian Society for Mechanical Engineering. 34. Jg., 2010, Nr. 1, S. 119–135.

[KLEI07] Klein, B.: Leichtbau-Konstruktion. Berechnungsgrundlagen und Gestaltung. 7. Aufl. Wiesbaden: Friedr. Vieweg & Sohn Verlag, 2007.

[KLOC05] Klocke, F.; König, W.: Fertigungsverfahren 2. Schleifen, Honen, Läppen. 4., neu bearb. Aufl. Berlin [u.a.]: Springer-Verlag, 2005.

[KLOC08] Klocke, F.; König, W.: Fertigungsverfahren 1. Drehen, Fräsen, Bohren. 8. Aufl. Berlin, Heidelberg: Springer-Verlag, 2008.

[KLOT87] Klotz, N.: Beurteilung des statischen und dynamischen Verhaltens von Umfangschleifmaschinen. Düsseldorf: VDI Verlag, 1987.

[KOJI83] Kojima, H.; Saito, H.: Forced vibrations of a beam with a non-linear dynamic vibration absorber. In: Journal of Sound and Vibration. 88. Jg., 1983, Nr. 4, S. 559–568.

[KREL04] Krell, M.: Auslegung und Einsatz einer dämpfend wirkenden Werkzeugaufnahme für lang auskragende Werkzeuge. Aachen: Shaker, 2004.

[LANG13] Lange, E.: Leichtbau wird serienreif. Neue Produktionstechnologien öffnen Schranken für gewichtsreduzierte Konstruktionen. In: Industrie-Anzeiger. 2013. Jg., 2013, Nr. 12, S. 44–46.

[LAW13] Law, M.: Position-dependent dynamics and stability of machine tools. Vancouver: Mohit Law, 2013.

[LI06] Li, C.; Zhu, B.: Estimating double tuned mass dampers for structures under ground acceleration using a novel optimum criterion. In: Journal of Sound and Vibration. 298. Jg., 2006, Nr. 1/2, S. 280–297.

[LIU91] Liu, K. J.; Rouch, K. E.: Optimal passive vibration control of cutting process stability in milling. In: Journal of Materials Processing Technology. 28. Jg., 1991, Nr. 1/2, S. 285–294.

[LOEH12] Loehe, J.; Zäh, M. F.; Rösch, O.: In-process deformation measurement of thin-walled workpieces. In: Proceedia CIRP. 1. Jg., 2012, S. 546–551.

[LU14] Lu, X.; Chen, F.; Altintas, Y.: Magnetic actuator for active damping of boring bars. In: CIRP Annals - Manufacturing Technology. 63. Jg., 2014, Nr. 1, S. 369–372.

[MAHN11] Mahnken, R.: Lehrbuch der technischen Mechanik - Dynamik. Eine anschauliche Einführung. 2., bearb. Aufl. Berlin: Springer-Verlag, 2011.

[MAIA97] Maia, N. M. M.; Montalvão e Silva, J. M: Theoretical and experimental modal analysis. Taunton, Somerset, England, New York: Research Studies Press; Wiley, 1997.

[MANO12] Manoharan, D.: Aktive Systeme zur Leistungssteigerung von Fräsprozessen. 1. Aufl. Aachen: Apprimus Verlag, 2012.

[MATS14] Matsubara, A.; Maeda, M.; Yamaji, I.: Vibration suppression of boring bar by piezoelectric actuators and LR circuit. In: CIRP Annals - Manufacturing Technology. 63. Jg., 2014, Nr. 1, S. 373–376.

[MEGA10] Megahed, S. M.; Abd El-Razik, A.: Vibration control of two degrees of freedom system using variable inertia vibration absorbers: Modeling and simulation. In: Journal of Sound and Vibration. 329. Jg., 2010, Nr. 23, S. 4841–4865.

[MERR65] Merritt, H. E.: Theory of self-excited machine-tool chatter. Contribution to machine-tool chatter. In: Journal of Engineering for Industry. 87. Jg., 1965, Nr. 4, S. 447.

[MICR15] MICROMEGA Dynamics: Active Damping Devices and Inertial Actuators, 2015.

[MORE10] Moreno, C. P.; Thomson, P.: Design of an optimal tuned mass damper for a system with parametric uncertainty. In: Annals of Operations Research. 181. Jg., 2010, Nr. 1, S. 783–793.

[MUÑO13] Muñoa, J.; Mancisidor, I.; Loix, N.; Uriarte, L. G.; Barcena, R.; Zatarain, M.: Chatter suppression in ram type travelling column milling machines using a biaxial inertial actuator. In: CIRP Annals - Manufacturing Technology. 62. Jg., 2013, Nr. 1, S. 407–410.

[NEBE13] Nebeling, P. H.: CFK-Pinolen bieten der Zerspanungn Ansätze für Verbesserung. In: Maschinen Markt. 2013. Jg., 2013, Nr. 6, S. 60–62.

[NEUG07] Neugebauer, R.; Denkena, B.; Wegener, K.: Mechatronic systems for machine tools. In: CIRP Annals - Manufacturing Technology. 56. Jg., 2007, Nr. 2, S. 657–686.

[NEUG09] Neugebauer, R.; Kolouch, M.; Richter, M.; Schulten, M.: Fehlerquellen bei einer Modalanalyse. Untersuchung von Einflussfaktoren während der praktischen Durchführung. In: wt Werkstatttechnik online. 99. Jg., 2009, Nr. 11/12, S. 889–894.

[NISS85] Nissen, J.-C.; Popp, K.; Schmalhorst, B.: Optimization of a non-linear dynamic vibration absorber. In: Journal of Sound and Vibration. 99. Jg., 1985, Nr. 1, S. 149–154.

[OK09] Ok, S.-Y.; Song, J.; Park, K.-S.: Development of optimal design formula for bi-tuned mass dampers using multi-objective optimization. In: Journal of Sound and Vibration. 322. Jg., 2009, 1-2, S. 60–77.

[ORMO28] Ormondroyd, J.; Den Hartog, J. P.: The theory of the dynamic vibration absorber. In: Transactions of the American Society of Mechanical Engineers. 50. Jg., 1928, Nr. 7, S. A9-A22.

[OSTE07] Ostermann, T.; Herfs, W.; Brecher, C.: Steigerung der Dynamik durch redundante Zusatzachsen. In: Verl, A. (Hrsg.): SPS IPC DRIVES 2007. Elektrische Automatisierung, Systeme und Komponenten ; Fachmesse & Kongress 27. - 29. Nov. 2007, Nürnberg. Berlin, Offenbach: VDE Verlag, 2007, S. 461–472.

[PARE11] Parenti, P.; Bianchi, G.; Cau, N.; Albertelli, P.; Monno, M.: A mechatronic study on a model-based comepnsation of inertial vibration in a high-speed machine tool. In: Journal of Machine Engineering. 11. Jg., 2011, Nr. 4, S. 91–104.

[PAST12] Pastor, M.; Binda, M.; Harčarik, T.: Modal assurance criterion. In: Procedia Engineering. 48. Jg., 2012, S. 543–548.

[PENN98] Pennestrí, E.: An application of chebychev's min-max criterion to the optimal design of a damped dynamic vibration absorber. In: Journal of Sound and Vibration. 217. Jg., 1998, Nr. 4, S. 757–765.

[PÉTE63a] Péters, J.; Vanherck, P.: Ein Kriterium für die dynamische Stabilität von Werkzeugmaschinen Teil 1. In: Industrie-Anzeiger, 1963, Nr. 11, S. 20–26.

[PÉTE63b] Péters, J.; Vanherck, P.: Ein Kriterium für die dynamische Stabilität von Werkzeugmaschinen Teil 2. In: Industrie-Anzeiger, 1963, Nr. 19, S. 26–30.

[POLA67] Polacek, M.; Ontrata, J.: Die Optimalisierung des Dämpfers bei selbsterregten Schwingungen an Werkzeugmaschinen. In: CIRP Annals - Manufacturing Technology. 14. Jg., 1967, S. 369–376.

[PREU11] Preumont, A.: Vibration control of active structures. An introduction. 3rd ed. Berlin: Springer-Verlag, 2011.

[PREU13] Preumont, A.: Twelve lectures on structural dynamics. Dordrecht, New York: Springer-Verlag, 2013.

[PRON95] Prony, G. R. B.: Essai éxperimental et analytique: sur les lois de la dilatabilité de fluides élastique et wur celles de la force expansive de la vapeur de l'alkool, à différentes températures: Journal de l'École Polytechnique Floréal et Plairial, 1795, S. 24–76.

[QUEI05] Queins, M.: Simulation des dynamischen Verhaltens von Werkzeugmaschinen mit Hilfe flexibler Mehrkörpermodelle. Aachen: Shaker, 2005.

[RASH06] Rashid, A.; Mihai Nicolescu, C.: Active vibration control in palletised workholding system for milling. In: International Journal of Machine Tools and Manufacture. 46. Jg., 2006, Nr. 12/13, S. 1626–1636.

[REHL65] Rehling, E.: Entwicklung und Anwendung elektrohydraulischer Wechselkrafterreger zur Untersuchung von Werkzeugmaschinen. Aachen: Eigendruck, Diss. RWTH Aachen, 1965.

[RICE86a] Rice, H. J.; McCraith, J. R.: On practical implementations of the nonlinear vibration absorber. In: Journal of Sound and Vibration. 110. Jg., 1986, Nr. 1, S. 161–162.

[RICE86b] Rice, H. J.: Combinational instability of the non-linear vibration absorber. In: Journal of Sound and Vibration. 108. Jg., 1986, Nr. 3, S. 526–532.

[RICE87] Rice, H. J.; McCraith, J. R.: Practical non-linear vibration absorber design. In: Journal of Sound and Vibration. 116. Jg., 1987, Nr. 3, S. 545–559.

[SALJ52] Saljé, E.: Die Werkzeugmaschine unter dynamischer Belastung. Aachen: Eigendruck, Diss. RWTH Aachen, 1952.

[SAND15] SANDVIK: Silent Tools. Lösungen für Drehbearbeitung, 2015.

[SARA15] Saravanamurugan, S.; Alwarsamy, T.; Devarajan, K.: Optimization of damped dynamic vibration absorber to control chatter in metal cutting process. In: Journal of Vibration and Control. 21. Jg., 2015, Nr. 5, S. 949–958.

[SCHA10] Schauerte, G.: Piezoaktorische Achsen im Präzisionsmaschinenbau am Beispiel eines aktiven Bohrwerkzeugs. 1. Aufl. Aachen: Apprimus Verlag, 2010.

[SCHI12] Schildknecht, J. R.: Der Maschinenbau braucht die "Generation CFK". CFK-Komponenten führen zu Leistungssprüngen und lösen unlösbare Probleme. In: Industrie-Anzeiger. 2012. Jg., 2012, Nr. 32, S. 36–38.

[SCHI80] Schiefer, K.-H.: Theoretische und experimentelle Stabilitätsanalyse des Schleifprozesses. Aachen: Eigendruck, Diss. RWTH Aachen, 1980.

[SCHU07] Schulz, A.; Weck, M.: Systeme zur Schwingungsdämpfung von Werkzeugmaschinen. In: Verein Deutscher Ingenieure (VDI) (Hrsg.): Fortschritt Berichte VDI. (Reihe: VDI-Reihe, Bd. 2). Düsseldorf: VDI Verlag, 2007, S. 40–56.

[SEIL12] Seiler, M.: Geometrische Restriktionen bei der geometriebasierten Strukturoptimierung von Maschinenbauteilen mit Freiformgeometrien. Aachen: Eigendruck, Diss. RWTH Aachen, 2012.

[SEME92] Semercigil, S. E.; Lammers, D.; Ying, Z.: A new tuned vibration absorber for wide-band excitations. In: Journal of Sound and Vibration. 156. Jg., 1992, Nr. 3, S. 445–459.

[SILV12] Silva, T. A. N.; Maia, N. M. M.; Barbosa, J. I.: A model updating technique based on FRFs for damped structures: Proceedings. Leuven: Department Werktuigkunde, 2012, S. 2213–2226.

[SIMS05] Sims, N. D.; Amarasinghe, A.; Ridgway, K.: Particle dampers for workpiece chatter mitigation. In: ASME 2005 International Mechanical Engineering Congress and Exposition, 2005, S. 825–832.

[SIMS07] Sims, N. D.: Vibration absorbers for chatter suppression: A new analytical tuning methodology. In: Journal of Sound and Vibration. 301. Jg., 2007, Nr. 3/5, S. 592–607.

[SITT13] Sitte, B.: Prozessstabilität als Bewertungskriterium im Entwicklungsprozess von Werkzeugmaschinen. 1. Aufl. Aachen: Apprimus Verlag, 2013.

[TAYL06] Taylor, F. W.: On the art of cutting metals. New York: The American Society of Mechanical Engineers (ASME), 1906.

[TOBI56] Tobias, S. A.; Fishwick, W.: The vibrations of radial-drilling machines under test and working conditions. In: Proceedings of the Institution of Mechanical Engineers 1847-1982. 170. Jg., 1956, Nr. 1956, S. 232–264.

[TOBI58] Tobias, S. A.; Fishwick, W.: Theory of regenerative machine tool chatter. In: Engineer. 205. Jg., 1958, S. 199–203.

[TOBI64] Tobias, S. A.: Vibration of machine tools. In: Cranfield Conference Paper, 1964, S. 599–608.

[TOND75] Tondl, A.: Quenching of self-excited vibrations equilibrium aspects. In: Journal of Sound and Vibration. 42. Jg., 1975, Nr. 2, S. 251–260.

[TROF15] Trofimov, Y.: Analyse, Modellierung und Simulation des dynamischen Verhaltens bei der doppelspindligen Fräsbearbeitung. 1. Aufl.: Apprimus Verlag, 2015.

[UMBA61] Umbach, R.: Ein Beitrag zu den Problemen der dynamischen Versteifung von Werkzeugmaschinen, insbesondere durch gedämpfte Hilfsmassensysteme. 1. Aufl. Aachen: Eigendruck, Diss. RWTH Aachen, 1961.

[VERB02] Verboven, P.: Frequency-domain system identification for modal analysis. Brüssel: Vrije Universiteit Brussel, 2002.

[VERB03] Verboven, P.; Guillaume, P.; Cauberghe, B.; Parloo, E.; Vanlanduit, S.: Stabilization charts and uncertainty bounds for frequency-domain linear least squares estimators: 21st IMAC Conference & Exposition 2003. "a conference & exposition on structural dynamics". Bethel, Connecticut: Society for Experimental Mechanics, 2003.

[VERE04a] Richtlinie. Verein Deutscher Ingenieure (VDI) VDI 3830 Blatt 1 (August, 2004). Werkstoff- und Bauteildämpfung (Einteilung und Übersicht).

[VERE04b] Richtlinie. Verein Deutscher Ingenieure (VDI) VDI 3830 Blatt 2 (Oktober, 2004). Werkstoff- und Bauteildämpfung (Dämpfung in festen Werkstoffen).

[VERE04c] Richtlinie. Verein Deutscher Ingenieure (VDI) VDI 3830 Blatt 3 (Juli, 2004). Werkstoff- und Bauteildämpfung (Dämpfung von Baugruppen).

[VERE05a] Richtlinie. Verein Deutscher Ingenieure (VDI) VDI 3830 Blatt 4 (Mai, 2005). Werkstoff- und Bauteildämpfung (Modelle für gedämpfte Strukturen).

[VERE05b] Richtlinie. Verein Deutscher Ingenieure (VDI) VDI 3830 Blatt 5 (November, 2005). Werkstoff- und Bauteildämpfung (Versuchstechniken zur Ermittlung von Dämpfungskenngrößen).

[VERE06] Richtlinie. Verein Deutscher Ingenieure (VDI) VDI 3833 Blatt 2 (Dezember, 2006). Schwingungsdämpfer und Schwingungstilger.

[VERE07] Richtlinie. Verein Deutscher Ingenieure (VDI) VDI 2062 Blatt 2 (November, 2007). Schwingungsisolierung - Schwingungsisolierelemente.

[VERE09] Richtlinie. Verein Deutscher Ingenieure (VDI) VDI 3833 Blatt 1 (Mai, 2009). Schwingungsdämpfer und Schwingungstilger - Begriffe, Kenngrößen, Realisierung, Anwendung.

[VERE11a] Richtlinie. Verein Deutscher Ingenieure (VDI) VDI 2062 Blatt 1 (Mai, 2011). Schwingungsisolierung - Begriff und Methoden.

[VERE11b] Richtlinie. Verein Deutscher Ingenieure (VDI) VDI 2064 (November, 2011). Aktive Schwingungsisolierung.

[VERL12] Verl, A.; Frey, S.: Improvement of feed drive dynamics by means of semi-active damping. In: CIRP Annals - Manufacturing Technology. 61. Jg., 2012, Nr. 1, S. 351–354.

[VIGU10] Viguié, R.; Kerschen, G.: On the functional form of a nonlinear vibration absorber. In: Journal of Sound and Vibration. 329. Jg., 2010, Nr. 25, S. 5225–5232.

[WECK06a] Weck, M.: Werkzeugmaschinen 2. Konstruktion und Berechnung. 8., neu bearb. Aufl. Berlin, Heidelberg, New York: Springer-Verlag, 2006.

[WECK06b] Weck, M.: Werkzeugmaschinen 3. Mechatronische Systeme, Vorschubantriebe, Prozessdiagnose. 6., neu bearb. Aufl. Düsseldorf: VDI Verl., 2006.

[WECK06c] Weck, M.; Brecher, C.: Werkzeugmaschinen 5. Messtechnische Untersuchung und Beurteilung, dynamische Stabilität. 7., neu bearb. Aufl. Berlin, Heidelberg, New York: Springer-Verlag, 2006.

[WECK71] Weck, M.: Dynamisches Verhalten spanender Werkzeugmaschinen. Einflußgrößen, Beurteilungsverfahren, Meßtechnik. Aachen: Eigendruck, Diss. RWTH Aachen, 1971.

[WECK77] Weck, M.; Teipel, K.: Dynamisches Verhalten spanender Werkzeugmaschinen. Einflussgrössen, Beurteilungsverfahren, Messtechnik. Berlin, New York: Springer-Verlag, 1977.

[WITT07] Witt, S. T.: Integrierte Simulation von Maschine, Werkstück und spanendem Fertigungsprozess. Aachen: Shaker, 2007.

[YANG10] Yang, Y.; Muñoa, J.; Altintas, Y.: Optimization of multiple tuned mass dampers to suppress machine tool chatter. In: International Journal of Machine Tools and Manufacture. 50. Jg., 2010, Nr. 9, S. 834–842.

[YANG12] Yang, F.; Sedaghati, R.; Esmailzadeh, E.: A novel distributed tuned mass damper design approach. In: Hutchison, D.; Kanade, T.; Kittler, J.; Kleinberg, J. M.; Mattern, F.; Mitchell, J. C.; Naor, M.; Nierstrasz, O.; Pandu Rangan, C.; Steffen, B.; Sudan, M.; Terzopoulos, D.; Tygar, D.; Vardi, M. Y.; Weikum, G.; Su, C.-Y.; Rakheja, S.; Liu, H. (Hrsg.): Intelligent robotics and applications. (Reihe: Lecture Notes in Computer Science). Berlin, Heidelberg: Springer Berlin Heidelberg, 2012, S. 268–276.

[YANG15] Yang, Y.; Dai, W.; Liu, Q.: Design and implementation of two-degree-of-freedom tuned mass damper in milling vibration mitigation. In: Journal of Sound and Vibration. 335. Jg., 2015, S. 78–88.

[ZÄH10] Zäh, M. F.; Baur, M.; Langhorst, M.; Rösch, O.; Schwarz, F.: Strukturverhalten von Werkzeugmaschinen - Messung, Simulation und Optimierung: Schwingungsanalyse & Identifikation. Mit Fachaussstellung : Fachtagung, Stadthalle Leonberg, 23. und 24. März 2010. (Reihe: VDI-Berichte, Bd. 2093). Düsseldorf: VDI Verlag, 2010, S. 265–278.

[ZATA04] Zatarain, M.; Villasante, C.; Sedano, A.; Bueno, R.: New light and highly-damped bonded structures for noise and vibration reduction. In: CIRP Annals - Manufacturing Technology. 53. Jg., 2004, Nr. 1, S. 345–348.

[ZHAN05] Zhang, Y.; Sims, N. D.: Milling workpiece chatter avoidance using piezoelectric active damping: a feasibility study. In: Smart Materials and Structures. 14. Jg., 2005, Nr. 6, S. N65-N70.

[ZILL12] Zilletti, M.; Elliott, S. J.; Rustighi, E.: Optimisation of dynamic vibration absorbers to minimise kinetic energy and maximise internal power dissipation. In: Journal of Sound and Vibration. 331. Jg., 2012, Nr. 18, S. 4093–4100.

[ZUO04] Zuo, L.; Nayfeh, S. A.: Minimax optimization of multi-degree-of-freedom tuned-mass dampers. In: Journal of Sound and Vibration. 272. Jg., 2004, 3-5, S. 893–908.

In der Reihe **Ergebnisse aus der Produktionstechnik** zuletzt erschienen:

Binder, Marvin:
Mechanismenbasierte Verschleißsimulation zur integrierten Werkzeug- und Prozessauslegung
ISBN: 978-3-86359-525-8
Erscheinungsdatum: 04.08.2017

Brummer, Christoph
Laserunterstütztes Projizierstreckdrücken von Inconel 718
ISBN: 978-3-86359-528-9
Erscheinungsdatum: 25.07.2017

Krunke, Moritz
Reifegradmanagement in der Fabrikplanung
ISBN: 978-3-86359-526-5
Erscheinungsdatum: 10.07.2017

Falk, Björn Richard
Integration auf Sinneswahrnehmungen beruhender Kundenforderungen in das Quality Function Deployment
ISBN: 978-3-86359-518-0
Erscheinungsdatum: 21.06.2017

Stauder, Jens
Anlauforientierte Gestaltung von Fertigungssystemen
ISBN: 978-3-86359-520-3
Erscheinungsdatum: 13.06.2017

Wiederhold, Michael
Clustering of Similar Features for the Application of Statistical Process Control in Small Batch and Job Production
ISBN: 978-3-86359-530-2
Erscheinungsdatum: 04.08.2017

Brockmann, Birk
Methode zur Auslegung von Hilfsmassendämpfern bei fremd- und selbsterregten Schwingungen in der spanenden Bearbeitung
ISBN: 978-3-86359-519-7
Erscheinungsdatum: 21.07.2017

Daniels, Matthias
Substrukturkopplung zur effizienten Schwingungsanalyse von Werkzeugmaschinen
ISBN: 978-3-86359-523-4
Erscheinungsdatum: 04.07.2017

Gsell, Stephan Cornelius
Antriebsbasierte Schwingungsdämpfung für Werkzeugmaschinen und Fahrzeugantriebe
ISBN: 978-3-86359-522-7
Erscheinungsdatum: 13.06.2017

Hausberg, Carlo Benedikt
Bestimmung der strukturbedingten Leistungsgrenzen der Produktionssteuerung
ISBN: 978-3-86359-510-4
Erscheinungsdatum: 15.05.2017

Mallmann, Guilherme Francisco

Optical Measurement System for the Machine Integrated Monitoring and Automation of Laser Micro Machining Processes

ISBN: 978-3-86359-503-6

Erscheinungsdatum: 15.05.2017

Neumann, Annika Vera

Objektivierung der haptischen Oberflächenwahrnehmung des Deskriptors Rauheit

ISBN: 978-3-86359-504-3

Erscheinungsdatum: 05.05.2017

Weber, Gerd-Thomas

Auswahl und Auslegung von Fräsprozessen für Großverzahnungen

ISBN: 978-3-86359-509-8

Erscheinungsdatum: 21.04.2017

Liu, Yuan:

Mesh-based CAM Solution for Laser Manufacturing and Repair Processes

ISBN: 978-3-86359-507-4

Erscheinungsdatum: 11.04.2017

Günther, Sebastian:

Verbesserung der energiebezogenen Leistung der Produktionsprozesse keramischer Baumaterialien durch Benchmarking

ISBN: 978-3-86359-506-7

Erscheinungsdatum: 17.03.2017

Buchkremer, Stefan:

Irreversible Thermodynamics of Nano-Structural Surface Modifications in Metal Cutting

ISBN: 978-3-86359-508-1

Erscheinungsdatum: 17.03.2017

Amini, Payam:

Empirische Analyse der Abweichung des Produktwerturteils vor dem Kauf und während der Nutzungsphase von Gebrauchsgütern

ISBN: 978-3-86359-501-2

Erscheinungsdatum: 02.03.2017

Bäumers, Yvonne:

Wirtschaftlicher Detaillierungsgrad der Montageablaufplanung

ISBN: 978-3-86359-495-4

Erscheinungsdatum: 02.03.2017

Wegener, Maximilian:

Ressourceneffiziente Gestaltung von Prozessketten mit additiven Fertigungsverfahren

ISBN: 978-3-86359-487-9

Erscheinungsdatum: 02.03.2017

Kuhlmann, Thomas Benedikt:

Corporate Tooling Modularer Werkzeugbau als Befähiger internationaler Produktionsnetzwerke

ISBN: 978-3-86359-490-9

Erscheinungsdatum: 03.02.2017

Graßler, Lisa:

Reifegradmodell zur Unterstützung bei der Einführung und Weiterentwicklung von Qualitätsmanagementsystemen an deutschen Universitäten

ISBN: 978-3-86359-485-5

Erscheinungsdatum: 03.02.2017

Salmen, Michael:

Gestaltungsmodell für den digital vernetzten Shopfloor im Werkzeugbau

ISBN: 978-3-86359-479-4

Erscheinungsdatum: 27.01.2017

Edition Wissenschaft
Apprimus

FSC
www.fsc.org
MIX
Papier | Fördert gute Waldnutzung
FSC® C083411

Zeitfracht Medien GmbH
Ferdinand-Jühlke-Straße 7
99095 Erfurt, Deutschland
produktsicherheit@kolibri360.de